U0852991

城市轨道交通施工质量与安全管理研究

周武　丁泽　杜风华　◎　著

湘潭大学出版社
XIANGTAN UNIVERSITY PRESS

前 言

我国城市现代化建设进程进入到一个十分关键的时期。城市交通基础设施建设是城市建设的基础，以目前我国城市交通的发展进度，对轨道交通的需求日益增加，对轨道交通的技术要求提高，对相关施工单位技术提出了更高的要求，也对相关施工单位的技术管理水平提出了新的标准。

随着城市人口密度的增加和远距离移动需求的增长，公共交通的重要性日益明显。城市较远距离公共交通主要有公共汽车和轨道交通两种方式。公共汽车虽然有建设便捷、投入资金少、选址灵活等特点，但是其先天固有的缺陷就是效率低、移动速度慢、运载量少。而轨道交通则弥补了这些缺点，轨道交通有着方便快捷、运力巨大等特点。另一方面，轨道交通也是一个城市现代化的标志之一，拥有轨道交通数量越多，城市的现代化水平也就越高，发展得也就越好，越能提高城市的形象。因此，轨道交通的重要性不言而喻。而轨道交通的建设也是一切的基础，一旦出现问题，所造成的后果难以估量，所造成的损失难以估计，甚至会对国家形象、城市形象造成巨大的影响。所以，我们必须重视轨道交通的建设。

城市轨道交通建设工程具有投资大、施工周期长、施工项目多、施工技术复杂、不可预见风险因素多和对社会环境影响大等特点，是一项高风险建设工程项目。当前国内城市轨道交通工程建设正处于高潮，由于大量工程项目的上马，工程项目管理和营运管理经验相对不足，不同程度地存在工程风险和安全隐患，因此如何加强城市轨道交通工程建设过程安全风险管理，建立安全控制体系，减少事故发生，是各地城市轨道交通工程建设过程中的重点问题。

城市轨道交通的安全发展，有利于人们的日常出行，城市轨道交通能够为居民的生活提供更加便捷高效的出行方式，能不断提高城市内部居民的生活品质。但是当前我国的城市轨道交通在发展的过程中，不注重安全生产技术的管理，在建设城市轨道交通时，安全事故屡见不鲜，这就导致相关部门对于城市轨道交通建设过程中的安全问题给予高度的重视。因此我们必须深入研究影响城市轨道交通的安全因素，并且采取有效的措施加以控制，才能够真正解决轨道交通工程建设过程中的安全问题。城市轨道交通工程的安全建设，关系到人们的日常出行和工作生活。安全管理对于城市轨道交通工程的整体建设质量具有重要意义，安全生产管理设计的内容众多。因此，施工企业必须不断建立科学的安全管理体系，采用合理的施工工艺，加强对施工人员以及管理人员安全素质的培养，从而有效地提升城市轨道交通工程的安全管理水平。

本书第一、二、三章由第一作者深圳市市政工程质量安全监督总站周武执笔，共计6万字；第六、七、八、十章由第二作者中铁十四局集团隧道工程有限公司丁泽执笔，共计6万字；第五、十一章由第三作者中铁十四局集团隧道工程有限公司杜风华执笔，共计5万字；第四、九章由副主编济南轨道交通集团有限公司马世洲执笔，共计3万字；最后由周武统一整理定稿。

目 录

第一章 城市轨道交通基础理论

第一节 城市轨道交通的诞生与发展

“城市轨道交通”是一个包含范围较大的概念，在国际上没有统一的定义。一般而言，城市中车辆在固定的轨道上运行并主要用于城市客运的交通系统称为城市轨道交通。广义的城市轨道交通是指以轨道运输方式为主要技术特征，是城市公共客运交通系统中具有中等以上运量的轨道交通系统（有别于道路交通），主要提供城市内（有别于城际铁路，但可涵盖郊区及城市圈范围）公共客运服务，是一种在城市公共客运交通中起骨干作用的现代化立体交通系统。狭义的城市轨道交通是指地铁、轻轨和单轨。

城市轨道交通凭借其大载客量、快捷、准时、安全、环保的特点成为解决交通拥挤的最有效手段。城市公共交通的轨道化程度已成为一个城市现代化的重要标志之一。城市轨道交通经历了近一个半世纪的发展，技术成熟、安全可靠、形式多样、用途广泛，正在成为城市交通的骨干。

一、世界城市轨道交通的发展历史

（一）城市轨道交通的起源

在16世纪前，城市交通的发展只是表现为城市道路网的不断修建与完善，其交通形式则一直为个人行为的步行、骑马和马车出行。直到进入16世纪中期的罗马时代，建立了地区性的车辆出租系统，公共交通才开始出现。最早的城市公共交通是1625年左右在伦敦、巴黎出现的马车出租业务(这是出租车的前身),到1700年,伦敦的出租马车大概只有600辆。这一历史时期的公共交通主要服务于贵族阶层,绝大多数民众仍然依靠步行出行,故而城市结构仍然是密集而紧凑的,城市半径在步行距离之内。

现代意义上的城市大容量公共交通是1819年在巴黎运行的公共马车。这是一种可载多人的大型马车,在固定线路上往返运行。这是任何人只要交付一定的资费就可乘坐的公共交通,十分方便市民的出行。由于公共马车的实用性,很快就在欧美一些主要城市得到推广,1827年,美国纽约运行了第一条改良后的公共马车线路,载客人数提高到12人。随着城市规模的逐渐扩大,对公共交通运输能力的要求也不断提高,人们为了有效地利用牵引动力,在改良马车的同时,也对道路进行不断的改造,借鉴矿山的轨道运输线路发明了有轨马车。

1832年,在美国纽约市的曼哈顿街道上铺设了轨道并开始运行有轨公共马车(城市轨道交通的雏形)。这种有轨马车仅用2匹马就可以拉动有40多名乘客的车厢,比普通马车的乘客多出2倍。1847年,英国伦敦出现了最早的双层公共马车,散开的顶层可以让乘客悠闲地游览市容。1851年,顶层有了遮阳挡雨的顶。到1861年,伦敦的街道上也有了有轨马车。

1765年,英国人瓦特改良了蒸汽机,带领人类进入了“蒸汽机时代”。英国人理查德·特里维西克根据蒸汽汽车的工作原理,经过多年的探索、研究与改进终于在1804年制造了一台单气缸和大飞轮的蒸汽机车,能够牵引5节车厢以8 km/h的速度在轨道上行驶,这就是在轨道上行驶的最早的机车。因为当时使用煤炭或木柴作燃料,人们就把它叫作“火车”。在此之后,史蒂芬森又积极改进了火车的性能,并且取得了很大的进展,于1814年制造出有两个气缸能够牵引30 t货物爬坡的火车。此时人们开始意识到,火车是一种很有前途的交通运输工具,并于1825年在英国的斯托克顿与达林顿之间开设了世界上第一条营业铁路。从这以后,火车就以速度快、运载能力强的优点逐渐在世界范围得到了广泛应用与快速发展。

1830年,在美国巴尔的摩—俄亥俄的铁路线上进行了一场比赛,由于蒸汽机车中途失灵,有轨马车取得了最后胜利。

随着牵引动力的改革，铁路发展速度逐步加快，到第一次世界大战爆发前夕，全世界就已经修建铁路达1 100 000 km左右。

电能的利用无疑是19世纪人类最伟大的创举，它为人们带来了全新的生活方式和巨大的社会财富。1879年，德国的西门子——哈尔斯克电报机制作所研制出了第一辆有轨电车。这是一辆通过第三轨供电的车，车上装有一台2.2 kW的电动机，可拉动3节载有18人的平板车厢。

（二）世界城市轨道交通的发展

从1863年伦敦建成世界上第一条地铁至今，城市轨道交通的发展已经有150多年的历史。城市化进程的加快、大城市人口数量的激增以及城市公路交通的拥堵使城市轨道交通日益得到各国政府的重视，全球每天客运量约为1.2亿人次，城市轨道交通运输在城市客运体系中发挥的作用越来越重要。

目前拥有城市轨道交通线路最多的地区分别为欧洲、亚洲和美洲。运营线路最长的国家分别为中国、美国、日本和德国，上述国家运营里程数合计占全球运营里程近45%。发达国家的主要大城市如纽约、华盛顿、芝加哥、伦敦、巴黎、柏林、东京等已基本完成城市轨道交通网络建设，后起的新兴国家和地区城市轨道交通方兴未艾，亚洲地区包括中国、印度、伊朗、越南、印度尼西亚等多个国家均有多个城市在建或规划建设城市轨道交通线路。

城市轨道交通的诞生和发展经历了一个曲折的过程，大致分为以下几个阶段：

1. 初始发展阶段（1843 ~ 1924年）

1843年，英国人查尔斯·皮尔逊为伦敦市设计了世界上最早的城市地铁系统。伦敦地铁于1863年1月10日建成通车，线长6.5 km，采用蒸汽机牵引，这是世界上第一条地铁。1874年，英国伦敦首次使用盾构法施工，于1890年12月18日修建成另一条约5.2 km的地铁，并首次采用电力机车牵引。至1923年，世界许多国家的大城市修建了地铁，例如芝加哥、费城、波士顿、巴黎、汉堡、纽约、马德里等。这一阶段欧美的城市轨道交通发展较快。

2. 停滞萎缩阶段(1924~1949年)

原因之一:第二次世界大战的爆发造成了城市轨道交通发展的停滞和萎缩。原因之二:汽车工业的发展制约了轨道交通的发展。汽车的灵活、便捷、可达性等特点在这一时期得到了飞速发展。相比之下,城市轨道交通投资大、建设周期长、运营成本高,一度失宠。这一时期只有东京、大阪和莫斯科修建了地铁。

3. 重新发展阶段(1949~1969年)

汽车的过度增加,使城市交通堵塞、行车速度下降,严重时还会导致交通瘫痪,加之汽车有污染空气、噪声严重、耗费石油能源等缺点,人们又重新认识到解决城市交通问题必须依靠电力驱动的城市轨道交通。这一阶段,名古屋、北京、蒙特利尔等城市相继修建了地铁,城市轨道交通从欧美扩展到了亚洲。

4. 高速发展阶段(1970年至今)

世界城市化的趋势,导致人口高度集中,要求城市轨道交通高速发展以适应日益增加的客流运输需求,科学技术的进步为城市轨道交通奠定了良好的发展基础。另外,城市轨道交通本身具有的大运量、高效率、节约城市土地资源等特点也为其高速发展创造了条件。在这一阶段,城市轨道交通的发展扩展到发展中国家。据日本地下铁道协会统计,到1999年全世界已经有173个城市建成了地下铁道,线路总长超过了7 000 km。战后中等发达国家和发展中国家地下铁道建设进程如表1-1所示。

表1-1 1950年后中等发达国家和发展中国家地下铁道建设进程

时间	城市数目/个	建设里程/km	时间	城市数目/个	建设里程/km
1950~1960年	10	455.65	1981~1990年	29	978.20
1961~1970年	10	799.00	1991~1999年	95	415.30
1971~1980年	29	1 643.80	合计	173	4 282.95

二、世界主要城市的轨道交通

(一)纽约地铁

纽约地铁是美国纽约市的城市轨道交通系统,是全球历史最悠久的公共地铁系统之一。截至2014年,纽约地铁拥有504座车站,商业营运路线长度为443 km。

目前,纽约地铁总客流量超过17.5亿人次,工作日平均每天客流量约560万人次,周六平均每天客流量为320万人次,周日平均每天客流量为270万人次。客流量持续上涨,2014年9月23日,超过610万人次使用纽约地铁系统,打破自1985年来的最高单日客流量记录。纽约地铁的特点如下:缺点:设施陈旧、线路复杂、指示混乱、犯罪多发。优点:实用、高效、费用低廉,这些优点使纽约地铁成为纽约市民生活的一部分,是纽约最方便、快捷、高效、价廉的交通方式。

(二)莫斯科地铁

莫斯科地铁布局与地面的布局一致,呈辐射及环形线路。地铁总共有12条线,包括11条辐射线和1条环线,全长327.5 km,196个站台,4 000列地铁列车在地铁线上运行。地铁每天平均开8 500多次列车,担负全市客运量的45%,每天运送的乘客达900多万人次,其主要结构为中心向四周辐射状。所有的线路按照其开通顺序的先后获得1 ~ 12的编号,其中最重要的线路便是长度为20 km的5号线——环线,它负责连接起其余绝大部分分支线路。莫斯科地铁被公认为世界上最漂亮的地铁,是世界上规模最大的地铁系统之一,也是世界上使用效率第二高的地下轨道系统(第一是纽约)。地铁站的建筑造型各异、华丽典雅,每个车站都由国内著名建筑师设计,各有其独特风格,建筑格局也各不相同,多用五颜六色的大理石、花岗岩、陶瓷和五彩玻璃镶嵌。除各种浮雕、雕刻和壁画装饰,照明灯具也十分别致,好像富丽堂皇的宫殿,享有“地下的艺术殿堂”之美称。

(三)巴黎地铁

巴黎地铁于1900年起运行至今。目前巴黎地铁总长度221.6 km,年客流量达15.06亿(2010年),居世界第9位;有14条主线和2条支线,合计380个车站、87个交会站。

巴黎地铁的客流量仅用10年内增长了30%:1995年的客流量为10.3亿,2005年的客流量为13.7亿。另外,在这10年间,周末的客流量增加了50%。早班高峰客流集中在8时30分至9时这一时段,而晚班高峰则一直延续到20时30分。为此,巴黎地铁于2006年开始增加发车频率,不过目前仍然常有列车在周末或深夜塞满乘客。

(四)伦敦地铁

伦敦地铁是全世界最老的地铁系统,是世界地铁的发源地。1863年,第一条地铁线路通车,1890年,电力机车取代了蒸汽机车。目前,伦敦地铁线网总长439 km,其中160 km为地下线、12条线路、275个车站、日客运量267万人次。

(五)新加坡地铁

新加坡地铁又叫大众捷运系统,始建于1988年,是目前世界上最为发达、高效的公共交通系统之一。新加坡地铁是继马尼拉轻轨运输系统之后,东南亚地区兴建的第二个地铁系统自1987年开通以来,新加坡地铁已经发展成有4条路续(包括机场地铁支线)的地铁系统为全国接近一半的人口(即不多222.4万人)服务。新加坡地铁目前有90个车站、8个转车站、1 435 mm的标准轨距线路。新加坡地铁系统不仅是世界上最清洁的运输系统之一,还能让旅客欣赏到城区的美景,而且几乎可以到达新加坡的任何角落。

(六)首尔地铁

首尔地铁又称韩国首都圈电铁,始建于1971年,是世界上单日载客量最大的铁路系统之一,车站数量376座。截至2015年年底,路线长度居世界第七,日均载客量超过800万人次(2015年统计)。以首尔的9条地铁为主，并辅以爱宝线、水仁线等线路，共17条路线。截至2015年底，整个铁路系统总长度已达596.9 km，未来更有一条新路线及多条路线的延长工程正在开展中。

（七）柏林地铁

柏林地铁于1902年通车，是继伦敦、布达佩斯、格拉斯哥和巴黎之后，历史上第5个建成地铁的城市。现今的路网共有10线173站，以柏林市区为中心点向外辐射，总长度达146 km（90%轨道位于地下），每年客运量达4亿人次。

二、我国城市轨道交通的发展过程

我国城市轨道交通的发展，可以划分为早期有轨电车交通和现代城市轨道交通两个历史时代。

（一）我国城市轨道交通的发展历史

1. 有轨电车交通时代

1899年，我国第一条有轨电车在北京建成通车，揭开了中国城市轨道交通建设的序幕。随后上海、天津、哈尔滨、长春、大连、鞍山等诸多城市都建成了多条有轨电车，在当时的城市公共交通中发挥了骨干作用。大连于1909年开通有轨电车，香港于1904年开通有轨电车。

旧式有轨电车行驶在道路中间，与其他车辆混行，运行速度不高，正点率低。随着汽车工业的发展，城市道路面积明显不够用。到了20世纪50年代，中国各大城市开始相继拆除旧式有轨电车，到20世纪50年代末，只有大连、长春、鞍山等个别城市保存了有轨电车并进行了改造，使之与现代城市交通的发展相适应，成为轻轨交通的一部分。

2. 现代城市轨道交通时代

我国现代城市轨道交通以1965年7月1日开工建设的北京地铁为开端，发展至今，大致经历了以下五个阶段。

（1）起始阶段（20世纪60年代～20世纪80年代初）

该阶段是以1965年开始兴建、1969年10月1日建成通车的北京地铁（北京站—苹果园站）全长23.6 km和1970年开始兴建、1976年建成通车的天津地铁（新华路站—西南角站）全长5.2 km为代表。这一阶段地铁的规划与建设，除了实现城市的客运功能之外，更重要的是考虑满足人防战备的需要。1966~1976年，地铁建设基本停顿。1979年，香港第一条地铁线路开始运营。

（2）开始建设阶段（20世纪80年代～2000年）

在这一阶段，随着改革开放和经济体制改革的逐步深入，城市交通需求剧增，导致道路交通供给能力严重不足、交通供需矛盾突出，成为制约城市社会经济发展的一个重要因素。为适应城市发展的需要、缓解城市交通的紧张状况，从20世纪90年代开始，我国政府加大了对城市交通基础设施的投入，强调轨道交通对解决城市交通问题和引导城市发展的作用。地铁的建设也由服务于战备转为服务于经济发展和城市客运。伴随着经济的发展，继北京、天津修建地铁外，上海、广州也修建了地铁，以北京地铁1号线完全建成（复八线建设和1号线改造）、上海地铁1号线（上海火车站—莘庄）、广州地铁1号线（西朗站—广州东站）的建成为标志。我国大陆地区新增地铁运营里程120 km，香港也完成了7条地铁线路的建设。1996年，台北修建了第一条城市轨道交通线路，揭开了台湾修建城市轨道交通系统的序幕。在我国城市轨道交通的发展过程中，值得指出的是，从1995年到1998年，由于地铁建设发展迅猛，有部分城市不顾地方经济实力，盲目上马建设轨道交通项目，速度过快、过猛。还有的城市盲目追求高标准，忽视了是否适合本城市的实际情况等问题，使城市轨道交通建设带有很大的盲目性。针对工程造价高、车辆全部引进、大部分设备大量引进等问题，1995年国务院办公厅60号文通知，除上海地铁2号线外，所有地铁建设项目一律暂停审批，并要求做好发展规划和国产化工作。2002年10月中旬，国务院冻结了近20个城市的地铁立项，委托中国国际工程咨询公司对国内的地铁项目做全面的调查分析，准备出台一系列有关地铁项目审批的新政策，加大地铁项目的宏观调控力度。从1995年到1998年，近3年时间国家没有审批城市轨道项目，轨道交通的建设与发展经历了一段曲折的历程。

从此，发展大容量轨道交通方式的理念开始显现，我国开始了城市轨道交通的建设阶段。在这一阶段除地铁建设外，以上海明珠线一期工程为代表的轻轨交通也开始建设。

(3)建设高潮阶段(2006年至今)

随着我国经济的发展和城市化进程的加快，我国城市的规模和人口在不断扩大，城市交通问题更加突出。城市交通问题的解决必须依赖公共交通的发展，大城市及特大城市还必须建设一个以轨道交通系统为骨干、以公共交通为主体、多种交通方式相互协调的综合交通系统，这已成为共识。同时，经济的快速发展也为发展城市轨道交通奠定了雄厚的物质基础。自20世纪末至21世纪初，我国城市轨道交通进入快速发展的建设高潮阶段。

《国家中长期科学和技术发展规划纲要》(2006—2020年)明确提出构建以城市轨道交通为骨架的城市公共综合交通体系，我国城市轨道交通建设在“十一五”期间迎来真正的建设高潮。

随着我国经济社会的不断发展和进步，我国城市轨道交通快速发展。在肯定我国轨道交通长足发展的同时，也应清醒地看到，轨道交通的发展目前仍存在一些问题，主要表现在四个方面：一是城市轨道交通规模小，财务效益差，对经济社会发展的“瓶颈”制约仍较严重；高峰期运输紧张问题突出，路网规模总量、结构仍然有待提高和改善。二是在城市交通问题日益尖锐、大城市交通拥堵、路网结构不够合理的状况下，大城市快速大容量的轨道交通方式发展仍较缓慢。三是城市群快速发展，城际旅游流量不断增加，城际间交通运输能力越来越跟不上城市群发展的脚步，城际间大容量、高效、低污染和节省资源的轨道交通建设滞后。四是国产化率偏低，有待进一步提高。

为了实现我国轨道交通的可持续发展，2003年国务院办公厅出台了《国务院办公厅关于加强城市快速轨道交通建设管理的通知》(国办发〔2003〕81号)，对城市轨道交通的建设进行严格的控制管理。根据通知的要求，人口规模、交通需求和经济水平将是衡量一个城市能否建设轨道交通的三大基本要素，缺一不可。城市轨道交通的建设应坚持“量力而行、规范管理、稳步发展”的方针。展望未来，轨道交通作为一种与我国国情和资源禀赋相适应的交通运输方式，发展前景十分广阔。

随着我国的城市规模和经济建设的快速发展，城市化进程在逐步加快，城市人口和人均机动车保有量水平逐年急剧增加，道路拥堵现象日益严重。城市轨道交通具有载客量大、运送效率高、能源消耗低、相对污染小和运输成本低、人均占用道路面积小等优点，是解决大城市交通拥挤问题的最佳方式。

政府也在加快城市轨道交通的建设，提升轨道交 通技术水平，解决城市交通拥堵问题。近年来，我国政府加大基础设施建设力度，三、四线城市政府也纷纷开始筹建轨道交通，中国已成为世界上城市轨道交通发展最快的国家之一，根据交通运输部的统计，截至 2021 年底我国内地共有 51 个城市开通城市轨道交通运营线路 269 条，运营线路总长度 8 708 公里。2012 年我国城市轨道交通完成投资金额为 1 914 亿元，至 2022 年增长到 5 860 亿元。

根据中国城市轨道交通协会 2022 年 4 月发布的《城市轨道交通 2021 年度统计和分析报告》，截至 2021 年末，我国内地城轨交通在建线路总长 6 096.40 公里，可研批复投资额累计 45 553.50 亿元；共有 67 个城市的城轨交通线网规划获批，其中城轨交通线网建设规划在实施的城市 56 个，在实施的建设规划线路总长 6 988.30 公里（不含已开通运营线路）；规划、在建线路规模实现稳步增长。

截至 2021 年末，运营线路成网规模超过 100 公里的城市达到 23 个，其中，北京、上海、广州、深圳、南京、武汉、成都等七座城市形成了线网 400 公里以上的城轨交通“大网”城市。我国城市轨道交通行业将持续拥有良好的发展前景。

（二）我国城市轨道交通的发展现状

在寸土寸金的大都市里，地铁已经成为占用土地和空间最少、运输能量最大、运行速度最快、污染环境最小、乘客最安全舒适的理想交通方式，因此越来越被国际大都市选用。几十年来，我国地铁建设取得了相当不错的成绩，在缓解交通压力方面发挥了巨大的作用。

1. 我国城市轨道交通的发展特色

目前，我国已经成为世界上最大的城市轨道交通建设国家之一，具有非常明显的特点。

（1）建设速度快

20世纪60年代，北京地铁1号线正式建成通车，线路全长23.6 km。20世纪80年代末，北京地铁2号线（线路全长16.1 km），天津地铁1号线（线路全长26.2 km），上海地铁1号线（线路全长37.8 km）3条线路建成通车，线路累计103.7 km。2000年底，广州地铁1号线，上海轨道交通2号线，香港地铁东涌线、机场快线四条线路，累计线路长度277.7 km。2015年底，长春、大连、苏州等24个城市106条线路相继建成通车，线路累计2 980 km。

（2）制式多样化

我国城市轨道交通线路建设制式多样、品种齐全，如长春的轻轨、重庆的跨座式单轨、广州和北京机场线的直线电机线路、大连的快轨和低地板车，大多数城市一般采用地铁线路。

（3）线路网络化

城市轨道交通建设实践表明，轨道交通线路只有逐步向网络化方向发展才能真正发挥其交通功能，达到疏解市区交通拥堵的目的。北京、上海、广州和深圳经过几十年的建设，目前已经建成网络化城市轨道交通系统，不仅大大方便了城市居民的出行和换乘，还从一定程度上展示了城市轨道交通线路引导城市发展的功能。

（4）融资渠道多元化

我国建设轨道交通的城市很多，融资渠道和模式也不尽相同，经历了由政府完全无偿投入到寻求多元化资金投入的过程。当前城市轨道交通实行的是政府主导型投资、融资模式，由政府或其授权的公共机构发起，全部或部分由市场经营主体（企业或其他机构）进行资本投入的融资模式。从投资方式看，一般是组建投资公司负责资金的筹集和运作；从来源看，投资渠道逐步多元化，资金的主要构成包括政府财政拨款、城市建设专项资金（城建费）、土地有偿使用收入（作价）、银行贷款（包括财政债券）、外国政府贷款等。以北京为例，自成立基础设施投资有限公司以来，以银行贷款为基础，以债券、信托等方式为辅助，以融资租赁、保险资金和股权信托等方式为补充，并采取PPP（Public Private Partnership，政府和社会资本合作）、BT（Build-Transfer，建设-移交）等方式，积极利用多种社会资金,推动轨道交通市场化融资。

2.我国城市轨道交通的运营情况

城市轨道交通建设水平的高低主要体现在能否满足实际运营需要,能否经受住大客流的考验。2008年8月奥运会期间,北京共开通运营线路8条,总长200 km,最高日客运量达492万人次,日均客运量达到401.2万人次。2010年世博会期间,上海重点依托4、6、7、8、9号线和世博专用线6条线路、15座世博车站,全网承担了约40%的世博参观客流,共运送乘客超过10.5亿人次,日均578万人次,最高单日客流达754.8万人次。2010年亚运会期间,广州地铁施行免费乘车活动,经受了日客流量784万人次的超常规客流检验。深圳城市轨道交通经历了2011年世界大学生运动会强大客流的严峻考验。实践证明,这些城市的轨道交通设备质量不仅国际一流,其经营管理水平、安全保障能力也经受住了国际“大考”的检验。自2009年开始,参照国际地铁协会(Community of Metros, COMET)组织的做法和实际需要,我国筹备建立“城市轨道交通运营绩效评估体系(Metro Operational Performance Evaluation System, MOPES)”,共设立65项统计指标,并从2010年开始,正式编印统计专册,在已开通运营的城市间交流。

第二节　城市轨道交通的分类与形式

一、城市轨道交通的分类

城市轨道交通种类繁多,技术指标差异较大,世界各国划分标准不一,并无严格区分。由于城市轨道交通在世界范围内发展较快,地区、国家、城市的不同,服务对象的不同,使城市轨道交通发展成为多种类型,不同的分类方法,可以分出不同的结果,目前尚无完全统一的分类标准。

1.按导向方式分,可分为轮轨导向的城市轨道交通系统和导向轨导向的城市轨道交通系统。

2.按线路架设方式分,可分为地下(水下)城市轨道交通系统、高架城市轨道交通系统和地面城市轨道交通系统。

3. 按线路隔离程度分，可分为全隔离城市轨道交通系统、半隔离城市轨道交通系统和不隔离城市轨道交通系统。

4. 按轨道材料分，可分为钢轮钢轨城市轨道交通系统和橡胶轮混凝土轨城市轨道交通系统。

5. 按牵引方式分，可分为旋转式直流电动机牵引城市轨道交通系统、交流电动机牵引城市轨道交通系统和直线电动机牵引城市轨道交通系统。

6. 按运营组织方式分，可分为传统城市轨道交通、区域快速轨道交通和城市(市郊)铁路。

7. 根据高峰每小时单向运输能力的大小分，可分为高运量城市轨道交通系统、中运量城市轨道交通系统和低运量城市轨道交通系统等类型。高运量轨道交通系统的高峰每小时单向运输能力在3万人次以上，属于该种类型的轨道交通系统主要有地下铁道和高技术标准的轻轨铁路。中运量轨道交通系统的高峰每小时单向运输能力为1万～3万人次，属于该种类型的轨道交通系统主要有轻轨和独轨。低运量轨道交通系统的高峰每小时单向运输能力为0.5万～1万人次，属于该种类型的轨道交通系统主要有低技术标准的有轨电车。

8. 城市轨道交通按动能范围、车辆类型及主要技术特征分，可分为有轨电车、地铁、轻轨、城市铁路、独轨交通、新交通系统、磁浮交通七类。

二、城市轨道交通的形式

(一)有轨电车

有轨电车是使用电车牵引、轮轨导向、1～3辆编组运行在城市中的低运量轨道交通系统。有轨电车通常采用地面线，有时也有隔离的专用路基和轨道，轨道或高架区间仅在交通拥挤的地带才被采用。

有轨电车的优点：造价低、建设容易、运行可靠、舒适、节能、环保。有轨电车的缺点：所受干扰多、速度慢、通行能力低、极易与地面道路车辆冲突、隔离程度和安全性较低、运输能力小。

老式有轨电车最早兴建于1881年的柏林。1887年,匈牙利的布达佩斯创立了首个电动电车系统。1888年,美国弗吉尼亚州里士满开通了世界上第一条有轨电车线路。19世纪后期和20世纪前期是有轨电车的发展高峰。20世纪中叶,由于老式有轨电车噪声大、性能差、耗电多,而且在速度、舒适度和灵活性方面与汽车比较相形见绌,到20世纪30~50年代中期逐渐衰落,60 ~ 70年代,为了给来势汹汹的私人轿车让路,有轨电车相继在欧洲许多城市下马。在瑞士、德国、波兰、奥地利、意大利、比利时、荷兰、日本及东欧等国,路面电车网络仍然保养良好,或者被继续现代化。我国的有轨电车在20世纪50年代末已拆得所剩无几,仅大连、长春和鞍山三座城市保留。大连还对有轨电车进行了改造,使其成为城市的一张名片。现代有轨电车具有运行可靠、舒适、节能、环保等特点,且其技术特性已与轻轨基本无异,如今许多地方也开始在城市中改建或新增现代有轨电车线路,如法国斯特拉斯堡、瑞士日内瓦、西班牙巴塞罗那以及我国的大连、天津、长春、上海等城市。2012~2020年,我国现代有轨电车规划已超过2 500 km,工程总投资预计达3 000亿元,车辆市场规模达600亿元,年均需求75亿元。

天津市区有轨电车于1904年由世昌洋行开始修建,1906年6月第一条公交线路白牌环城有轨电车开通运营,天津是中国第一个建设和运营有轨电车的城市。

(二)地铁

严格地说,地下铁道是一个历史名词,其原始意义是修建在地下隧道中的铁路。随着地下铁道的发展,其线路布置已不仅仅只局限在地下隧道中,根据需要也可以布置在地面或采用高架的方式修建,但城区内的线路还是以地下为主。

地下铁道简称地铁,是城市快速轨道交通先驱。地铁是由电力牵引、轮轨导向、轴重相对较重、具有一定规模运量、按运行图行车、编组运行在地下隧道内,或根据城市的具体条件,运行在地面或高架线路上的快速轨道交通系统。对世界各国地下铁道系统进行分类研究可知,地下铁道由于所采用的技术标准不同,又可分为重型地铁、轻型地铁与微型地铁三种类型,它们的运载能力因技术标准的不同而差别很大。目前,地下铁道的概念通常是指重型地铁,地铁的单向运能在3万人次/小时,最高可达6万~8万人次/小时。最高速度可达90 km/h,旅行速度可达40 km/h左右,可4~10辆编组。车辆运行最小间隔可低于1.5 min。驱动方式有直流电动机、交流电动机、直线电动机等。地铁造价昂贵,投资在每千米3亿~6亿元人民币。地铁具有建设成本高,建设周期长的弊端,但同时又具有运量大、建设快、安全、准时、节省能源、不污染环境、节省城市用地的优点。地铁适用于出行距离较长、客运量需求大的城市中心区。一般认为,人口超过百万的大城市就应该考虑修建地铁。

地铁系统与国家铁路干线一样,主要由线网、轨道、车站、车辆、通信信号等设备构成,要求各部分能够有机结合,协同动作,最大限度地完成输送任务。考虑乘客出行方便、土地充分利用、节约建设费用等因素,地铁线路的走向一般选择易于施工和客流相对比较集中的地区。

(三)轻轨

轻轨(LRT)是在有轨电车的基础上改造发展起来的城市轨道交通系统。轻轨是反映在轨道上的荷载相对于铁路和地铁的荷载较轻的一种交通系统。轻轨交通是个比较广泛的概念,公共交通国际联会关于轻轨运营系统的解释文件中提到:轻轨交通是一种使用电力牵引、介于标准有轨电车和快运交通系统(包括地铁和城市铁路)、用于城市旅客运输的轨道交通系统。

轻轨铁路的原始含义是指列车运行的线路所使用的钢轨比重型地铁所使用的钢轨质量小。由于轻轨铁路的钢轨质量较小,其整体的技术标准也低于地铁,因而轻轨的运输能力也远远小于地铁。当初使用的是轻型钢轨,现在轻轨已采用与地铁相同质量的钢轨。所以,目前国内外都以客运量或车辆轴重的大小来区分地铁和轻轨。在我国《城市轨道交通工程项目建设标准》(建标104—2008)中,把每小时单向客流量为1万~3万人次的轨道交通定义为中运量轨道交通,即轻轨。轻轨交通一般采用地面线路和高架线路相结合的方法建设,路线可以从市区通往近郊。列车编组采用3~6辆,铰接式车体。由于轻轨交通采用了线路隔离、自动化信号、调度指挥系统和高新技术车辆等措施，最高速度可达60 km/h，克服了有轨电车运能低、噪声大等问题。

由于轻轨交通具有投资少（每千米造价0.6亿～1.8亿元人民币）、建设周期短、运能高、灵活等优点，因此发展很快。目前，无论是发达国家，还是发展中国家，轻轨交通方兴未艾。各国纷纷根据自己的国情，制定相应的轻轨交通发展战略和模式。

（四）城市铁路

所谓城市铁路，指的是由电气或内燃机牵引、轮轨导向、车辆编组，运行在城市中心与市郊间以地面专用线路为主的大运量的快速轨道交通系统。通常其所有权不属于所在城市的城市政府，而由铁路部门经营。线路设施与干线铁路基本相同，服务对象以城市公共交通客流为主，是连接城市市区与郊区以及连接城市周围几十公里甚至更大范围的卫星城镇的铁路，它往往又是连接大中城市干线铁路的一部分，因此它具有干线铁路的技术特征，如轨道通常是重型的。城市铁路通常分为城市快速铁路和市郊铁路两部分。

城市快速铁路是指运营在城市中心，包括近郊城市化地区的轨道系统，其线路采用电气化，与地面交通大多采用立体交叉。市郊铁路是指建在城市郊区，把市区与郊区，尤其是与远郊联系起来的铁路。市郊铁路一般和干线铁路设有联络线，设备与干线铁路相同，线路大多建在地面，部分建在地下或高架。其运行特点接近于干线铁路，只是服务对象不同。市郊铁路是城市铁路的主要形式，通常使用电力牵引和内燃牵引，列车编组多在4～10辆，最高速度可达100～120 km/h。

市郊铁路运能与地铁相同，但由于站距较地铁长，运行速度可超过地铁40 km/h以上。因为市郊铁路与城市轻轨不同，故又被叫作重轨铁路，因为其与干线铁路亦不同，所以也常被称为通勤铁路或月票铁路。

根据国外资料，目前大城市的市郊铁路主要有三种形式：（1）独立的城市铁路网，指专门或主要用于城市交通的铁路，如日本的JR、法国巴黎的RER等。这种铁路的技术设备好，列车运行速度快，效率高，可以实现按运行图行车，高峰时最小列车间隔可达1.5～2.0 min，旅客候车时间短，但由于大多采用地下或高架线路，投资费用比较高，适合于人口密度大的城市。(2)客运专线，指通常的铁路线路，可用于速度不同的各种旅客列车，包括市郊列车和长途列车，一般在上下班高峰时为市郊列车专用。这种线路的利用率高，投资费用低，是市郊铁路的普遍形式。(3)混合运输线。这种线路通常客货混跑，运行速度低，条件较差。

(五)独轨系统

独轨系统是车辆或列车在单一轨道梁上运行的城市客运交通系统。独轨系统的线路通常采用高架结构。从构造形式上还可分为跨骑式独轨与悬挂式独轨两种。跨骑式独轨是列车跨坐在轨道梁上运行的形式，而悬挂式独轨则是列车悬挂在轨道梁下运行的形式。

独轨系统由于道岔转换时间较长而制约着通过能力，因而单向小时最大运输能力在 5 000 ~ 2 0000 人次之间，但它的爬坡性能很好，适合于在地面起伏较大的城市修建。我国重庆现已开通的轻轨线路就是采用的跨骑式独轨系统技术。独轨交通历史悠久，早在 1821 年英国人就开发了独轨铁路，并因此获得发明专利。1888 年，法国人在爱尔兰铺设了约 15 km 的跨座式独轨铁路，采用蒸汽机车牵引，从此有动力的独轨交通走向实用化阶段，但因为车厢摇摆、噪声大等原因，1942 年这条线路停止运营。1893 年，德国人发明了悬挂式独轨车辆，1901 年在“伍珀塔尔市”开始运营，线路长 13.3 km，其中 10 km 跨河架设，成为利用街道上空建设独轨铁路的先驱。这条线路至今仍在使用，成为该市的一个历史景观。

随着科学技术的进步，独轨交通技术日臻成熟，轨道、车辆和通信信号都有了很大的发展，再加上独轨交通可以利用道路和河流的上方空间，独轨技术受到一定的重视。美国、日本、意大利等许多国家都建设了这种形式的独轨交通，其中，日本建成多条独轨交通系统，是使用独轨交通最多的国家。

我国首条跨座式独轨交通线路是在有“山城”之称的重庆修建的。重庆轨道交通 2 号线(较新线)一期工程于 2004 年建成，全线于 2006 年开通，独轨客车技术是从日本引进的。跨座式独轨交通十分适合重庆市道路坡陡、弯急、路窄的地形特点，同时由于结构轻巧、简洁、易融于山城景色，能够取得较好的景观效果。

独轨交通与轻轨交通相比，突出优点如下：(1)占用土地少。高架独轨不需要很大的空间，每根支柱直径仅为1～1.5 m，双线轨道梁的线路断面总宽度为5～7 m，与其他高架轻轨系统相比是最窄的。(2)运量较大。国外独轨列车一般由4～6辆组成，列车运输能力每小时为5 000～2 0000人次。(3)能适应复杂地形要求。由于使用橡胶轮胎，可以适应复杂地形的要求，适宜在狭窄街道的上空穿行，可减少拆迁，降低造价。(4)建设工期短，造价低。高架独轨结构简单，易于建造，因此工期较短，造价较低，一般为地铁的1/3。(5)运输能确保安全。由于车辆与轨道的特殊结构，在轨道梁两侧均有起稳定作用的导向轮，能确保运行安全。(6)噪声与振动均低，且无排气污染等危害。由于采用橡胶轮胎，所以振动和噪声大大降低，此外，电力驱动也不存在污染环境的问题。(7)对日照和城市景观影响小。由于高架独轨占用空间少，沿线不会投下很大的遮光阴影，并且对城市景观还能起到一定的点缀作用。

独轨车辆的缺点有以下几个方面：(1)它的运量在实践中还没有计算过。所以，对独轨车辆的最大运量问题尚需进一步论证。(2)这种类型车辆我国还没有研制的经验，而引进的价格每辆高达160万美元。(3)独轨交通也存在橡胶轮与轨道梁摩擦产生橡胶粉尘的现象，对环境有轻度污染。(4)列车运行在此区间如果发生事故，救援比较困难。(5)导向、稳定及转辙装置等关键技术问题尚未完全解决。(6)其运输能力与有轨电车接近，技术要求却高得多。尽管独轨交通已经经历了一个多世纪的发展历程，但因为独轨铁路的导向、稳定及转辙装置等关键技术问题尚未完全解决，而且独轨交通的运输能力又与有轨电车不相上下，技术要求却高得多，因此在世界范围内并没有得到广泛的应用。

(六)磁悬浮

磁悬浮交通是一种非轮轨黏着传动，悬浮于地面的交通运输系统。磁悬浮列车是利用常导磁铁或超导磁铁产生的吸力或斥力使车辆浮起，用以上的复合技术产生导向力，用直线电机产生牵引动力，使其成为高速、安全、舒适、节能、环保、维护简单、占地少的新一代交通运输工具。

由于列车在牵引运行时与轨道之间无机械接触，因此从根本上克服了传统列车轮轨黏着限制、机械噪声和磨损等问题，所以它也许会成为人们梦寐以求的理想陆上交通工具。

磁悬浮系统的轨道往往也采用轨道梁的高架结构，它的时速可达到 500 km以上，是当今世界上最快的地面客运交通工具，有速度快、爬坡能力强、能耗低的优点，每个座位的能耗仅为飞机的33%、汽车的70%。自1922年德国人赫尔曼·肯佩尔提出了电磁浮原理，并在1934年获得世界上第一项有关磁浮技术的专利，到现在已有90多年的历史。而磁浮技术的真正发展始于20世纪70年代，以德国为代表的常导磁浮技术和以日本为代表的低温超导磁浮技术比较成熟，接近或达到商业运营要求。1984年在英国伯明翰开通了速度为54 km/h、长度为620 m的商业运营线。2003年，中国上海开通了速度为430 km/h、路线长度为30 km的商业运营示范线。上海磁悬浮列车示范线西起上海地铁2号线龙阳路车站南侧，东到浦东国际机场一期航站楼东侧，线路总长31.17 km，设计时速和运行时速分别为505 km/h和430 km/h，总投资89亿元。2005年3月，日本名古屋东部丘陵线开始商业运营，大量世博会期间的宾客通过干线铁路经由名古屋东部丘陵线到达世博园区。

（七）新交通系统

新交通系统是一个模糊的概念，不同国家和城市对此都有不同的理解，目前还没有统一和严格的定义。广义上认为，新交通系统是那些所有现代化新型公共交通方式的总称。狭义上新交通系统则定义为：由电气牵引，具有特殊导向、操作和转向方式的胶轮车辆，单车或数辆编组运行在专用轨道梁上的中小运量轨道运输系统。在新交通系统中车辆在线路上可无人驾驶自动运行，车站无人管理，完全由中央控制室的计算机集中控制，自动化水平高。新交通系统与独轨交通有许多相同之处，最大的区别在于其设有导向轨，故新交通系统也称为自动导轨交通。新交通系统的导向系统可分为中央导向方式和侧面导向方式，每种方式又可分为单用型和两用型。

新交通系统最早出现在美国，当初多为一种穿梭式往返运输乘客的短距离交通工具，曾被称为“水平电梯”或称为“空中巴士”“快速交通”。在逐渐发展成一种城市客运交通工具后，一般称为“客运系统”。后来日本和法国又做了进一步的技术改进和发展，并使其成为城市中的一种中运量客运交通系统。日本称为新交通系统（意指含有高度自动化新技术的交通系统），以区别于其他各种交通运输工具。新交通系统之所以能够在日本得到较快发展，是基于它明显的优势。第一，新交通系统客运能力为5 000～15 000人次/时，高于公共汽电车，而且建设成本与地铁、轻轨相比又低得多，所以比较容易吸引人们的注意力；第二，新交通系统与独轨系统相似，运行在专用的高架轨道上，与其他车辆互不干扰，运输效率较高；第三，新交通系统的车辆除采用橡胶轮胎外，其他设备与有轨车辆相差不多，并可利用现有的轨道交通运行规程，在技术上容易实现；第四，新交通系统既可采用车辆无人驾驶、车站无人管理的方式，也可省却自动运行系统，由人工操作，因而机动灵活，使用方便；第五，新交通系统节约能源，基本没有噪声污染，对保护环境有利。当然，新交通系统也有一个无法克服的缺点，就是它采用了独特的导向方式，车辆及轨道结构有别于其他轨道系统，因而兼容性不强，不能适应轨道交通一体化的发展趋势。

第三节　城市轨道交通系统规划方法

城市轨道交通系统规划环评的对象是轨道交通规划，因此有必要首先了解规划本身的程序和内容，对其进行分析寻找其中可能影响环境的因素，在此基础上确定规划环境评价的技术程序。力求最大限度地发挥城市轨道交通的环境正效应，从源头防治其不利的环境影响。

一、城市轨道交通规划的地位

城市轨道交通规划可分为线网规划与近期建设规划两个层次。

（一）城市轨道交通线网规划

城市轨道交通线网规划是城市综合交通规划下一层次的专项规划，以城市总体规划和城市交通综合规划意图为指导，完善规划相关内容，规划成果作为城市综合交通规划的重要组成部分，规划范围与城市综合交通规划的范围保持一致。

城市轨道交通线网规划是在城市总体规划完成之后，土地控制详细规划开展之前进行。线网规划分为近期规划和远景规划。近期规划年限为5~10年，远景规划无具体年限，可按城市总体远景发展目标作为线网远景规划的控制条件。线网规划项目由市人民政府立项，当地轨道交通公司承办。由于项目开展涉及相关部门较多，有必要成立管理单位项目协调领导小组负责协调工作。协调领导小组通常由市建委领导任组长，市政工程局、市规划局的领导任副组长，小组成员由各管理处室的负责人组成。

城市轨道交通线网规划旨在解决如下问题：(1)在城市总规划和城市交通综合规划框架下制定轨道交通发展的宏观策略，为轨道交通建设和用地控制规划及项目工程设计提供科学可行的原则和要点。(2)从适应城市地位及未来发展的需要出发，确定线网的规模和布局，指导城市轨道交通建设。(3)确定各段线路走向，保障线网向周边城市发展的扩展性和灵活性。(4)轨道交通(地铁、轻轨)可行性分析及客流预测(仅对大城市而言)。(5)线网方案的技术经济评价。(6)线路建设项目排序。

城市土地发展和功能发展是城市总体规划的核心。交通是人们社会行为最基本的表现方式，因此交通功能是城市最基本、最重要的功能。城市轨道交通作为城市客运的骨干系统，其建设将影响城市土地发展的空间方向和功能水平，因此轨道线网对城市土地的发展有强大的刺激作用，为此城市总体规划中的发展目标需要轨道交通线网规划的支持。这些发展目标通常以各种专项规划的形式体现。线网规划在编制过程中需要考虑和协调的相关规划有：

1. 城市交通发展战略和城市综合交通规划

作为城市客运骨干系统，城市轨道交通将从根本上决定城市交通系统的空间布局和交通出行结构。因此轨道线网必须在布局、规模、能力上与城市综合交通体系相协调，在总体上符合城市交通发展战略，否则将造成城市综合交通系统的失衡和无序发展。

2. 城市土地利用规划

总体规划从战略高度和整体要求出发，对城市土地发展方向和格局制定了一系列目标，在此基础上制定城市土地利用规划。如果线网布局不能与城市土地利用规划匹配甚至发生矛盾，则轨道交通发展将引导城市的用地格局背离总体规划意图，使总体规划失去稳定性和指导性，导致城市空间结构发展的混乱。

3.城市社会经济发展规划

城市轨道交通运输系统耗资巨大，仅一条线的建设投入就高达几十亿甚至上百亿，往往成为城市中最大规模的基础设施建设项目。其建设周期长，就国际城市轨道交通发展的历史来看，轨道交通线网的建设一般都持续数十年甚至上百年。因此，无论在强度和时间方面，城市轨道交通运输系统都会对城市经济发展产生巨大影响。稳定合理具有前瞻性的线网规划，必须与社会经济发展规划、城市财政支出计划相协调。

4，城市基础设施建设规划

城市轨道交通本身是城市最大规模的基础设施。凡在轨道线网沿线兴建城市建筑、道路立交及给水排水、电力、通信等大型地下管线，如果能与轨道交通工程在规划设计上协调配合，做到统一规划、综合设计、分步建设，就可起到事半功倍的作用。

5.轨道交通建设用地控制规划

轨道交通建设用地控制规划属轨道交通线网规划的下一层次。市轨道交通系统建设对其用地范围有严格的技术要求，因此在实施过程中，最大问题是工程用地困难，造成大量拆迁。在工程总投资中，拆迁工程占10%~15%，数额可观。因此要求轨道交通线网规划与建设用地规划进行协调，以利于旧城区改造和新城区建设工作的开展。

（二）城市轨道交通近期建设规划

城市轨道交通近期建设规划年限一般为5年内，规划范围与线网规划相同。近期建设规划有时在线网规划完成后单独进行，如北京、天津、上海等城市；也有些城市与线网规划同时进行，如武汉、沈阳的城市轨道交通规划。

城市轨道交通近期建设规划应包括如下内容：近期建设规模的确

定;近期线路选择;近期建设项目的客流预测分析;建设工程投资估算和资金筹措建议;建设计划和项目的技术经济评价。

二、城市轨道交通规划内容和程序

轨道交通项目不仅工期长、投资大,而且对城市建设与土地利用的发展有极强的引导作用,是建立可持续发展的交通运输系统的关键。因此在讨论规划环境影响评价之前,有必要对规划本身的内容和程序进行充分的了解和分析。城市轨道交通规划主要目的有:

1. 保证轨道交通线网与现在及未来的土地利用规划一致,支持合理的城市结构形成与调整。

2. 为轨道交通用地控制提供依据,确保轨道交通用地;促进合理交通结构的形成及合理的交通枢纽;满足交通干线上的近期、远期交通需求。

3. 科学预测轨道交通客流,为确定合适的轨道交通系统、合理的架设方式、恰当的场站规模,以及车辆造型与编组、供电、控制与运营模式及其经济效益分析等提供可靠的数据基础。

城市轨道交通规划设计原则:

1. 路网的规划要与城市客流预测相适应。通过对城市主要交通干道的客流预测,确定各条线路单向高峰小时客流量,以此为依据确定每条线路规模。规模确定后,就可以确定其为高容量、大容量、中容量还是小容量的轨道交通。在大城市修建轨道交通最主要的目的是为居民提供优质客运交通服务,尤其是对中、远程乘客,快速轨道交通应是最能满足出行要求的交通方式。居民每天出行的交通流向与城市的规划布局有密切关系,轨道交通只有沿城市交通主客流方向布设,才能照顾到居民快速、方便的出行需要,并能充分发挥快速轨道交通客运量大的功能,对提高城市的社会效益、经济效益以及企业内部的财务效益都是非常有利的。

2. 路网规划必须符合城市总体规划。

3. 规划线路要尽量沿城市主干道布置,线路要贯穿连接城市对外交通中心(如火车站、飞机场、码头和长汽车等)商业中心文化娱乐中心、大的生活居住区等客流集散数量大的场所,以减少线路的非直线系数和缩短居民出行时间。

4. 路网中线路布置要均匀，线路密度要适量乘客换乘方便，换乘次数要少。

5. 大城市的交通一定要发展以快速轨道交通为骨干，常规的公共交通为主体，辅之以其他交通方式，构成多方位多层次交通体系。

6. 路网中各条规划线路上的客运负荷量要尽量均匀，要避免个别线路负荷过大或过小的现象。

7. 在考虑线路走向时，应考虑沿线地面建筑的情况，要注意保护重点历史文物古迹和保护环境。

8. 尽可能利用城市旧有的铁路设施。

9. 车辆段（厂）停放和检修的基地，在规划线路时一定要同时规划好其位置和用地的范围。

10. 一个城市轨道环线的布设，要在客流预测基础上，经过分析比较，优化组合。

11. 在确定线路规划网中的各条线路修建程序时，要与城市建设规划和旧城改造计划相结合，以保证快速轨道交通工程建设计划实施的可能性和连续性，工程技术和经济上的合理性。

根据轨道交通的作用、地位和巨大影响，在进行轨道交通预可行性研究和可行性研究时，轨道交通规划应该包括或同时进行以下内容：轨道交通线网规划；轨道交通线路客流预测；与轨道交通线网配套的常规公共交通线网调整规划；轨道交通运营规划；城市综合交通枢纽规划。

第二章　城市轨道交通工程施工

第一节　城市轨道交通施工准备

一、工作任务

了解和掌握施工准备阶段所需具备的条件和相关要求；根据施工项目，合理进行机构的组织及施工场地的布置。

二、相关配套知识

施工准备是整个项目实施的前提，是项目开工后施工活动能有序、高效、科学合理地进行的保证。施工准备关系见图2-1。

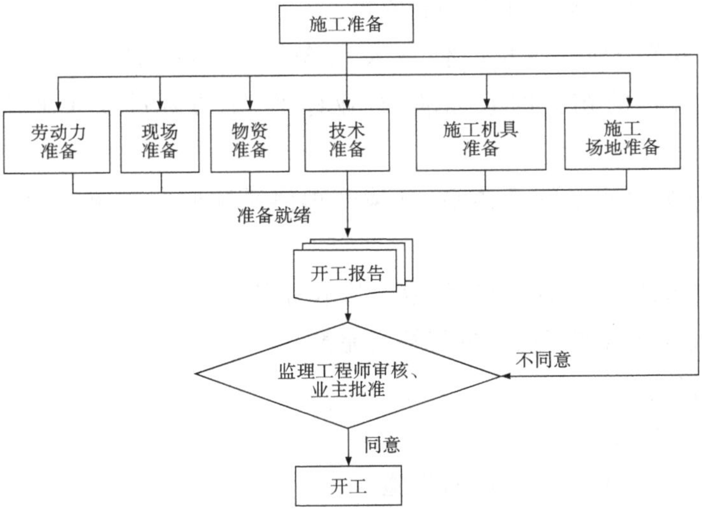

图2-1　施工准备关系图

（一）实施性施工组织设计的编制

施工单位应根据招标文件和施工图纸，到现场进行实地调研并搜集有关施工资料，并由项目技术负责人组织实施性施工组织设计的编制，项目经理和企业技术管理部门审核，企业技术负责人审批。

应满足以下要求：应满足招标文件的要求，在投标施工组织设计的基础上进行充实和完善，其主题不得脱离投标施工组织设计；应满足指导建设全过程各项施工活动的要求，每项措施都应具有可操作性；编写应在文字表述上应具体直观、浅显易懂，满足项目部各阶层相关人员的阅读要求；应将招标阶段招标小组提出的合理化建议融入其中。

实施性施工组织设计及专项施工方案应经项目总监理工程师确认和审批。

1.实施性施工组织设计的编制依据应包括下列内容：

（1）项目招标文件及工程承包合同文件；

（2）答疑会上提供的招标文件补充说明及其附件等资料；

（3）工程全部施工图纸及其标准图集；

（4）工程地质勘察报告、地形图和工程测量控制网；

（5）气象、水文资料及流行病调查资料；

（6）工程建设法律法规和有关规定文件；

（7）企业类似施工项目经验资料；

（8）本单位所具备的人才、技术、设备等综合施工能力；

（9）现行的相关国家标准、行业标准、地方标准及企业施工工艺标准；

（10）企业质量管理体系、环境管理体系和职业健康安全管理体系文件。

2.实施性施工组织设计的编制基本内容

可根据项目实际情况进行补充完善：

（1）总述；

（2）施工总体部署；

（3）施工平面布置及临时设施；

（4）施工工期及进度安排；

(5)材料采购计划、运输及管理;

(6)施工方案;

(7)工程质量体系和保证措施;

(8)安全保证体系和安全保证措施;

(9)文明施工及环境保护措施;

(10)工期保证措施;

(11)季节性施工措施。

(二)施工其他条件准备

施工项目所需求的资源包含劳动力、主要材料和预制品需求计划、施工机具、生产工艺设备及施工设施共五种。

劳动力需要量计划:根据施工方案、施工进度和施工预算,依次确定专业工种、进场时间、劳动量和工人数,然后汇集成表格形式,作为现场劳动力调配的依据。

主要材料和预制品需求计划:根据施工预算工料分析和施工进度,依次确定材料和预制品加工名称、规格、数量和进场时间,并汇集成表格,作为备料、确定堆场和仓库面积以及组织运输的依据。

施工机具需要量计划:根据施工方案和施工进度计划而编制,作为落实施工机具进场的依据。

生产工艺设备需要量计划:根据生产工艺布置图和设备安装进度而编制,作为生产设备订货、组织运输和进场后存放的依据。

施工设施需要量计划:指根据项目施工需要,确定相应施工设施,通常包括施工安全设施、施工环保设施、施工用房屋、施工运输设施、施工通信设施、施工供水设施、施工供电设施和其他设施。

(三)现场组织机构及队伍部署

1.现场组织机构设置

根据项目需求成立项目经理部,抽调一批富有城市轨道工程施工经验的管理人员,担负本工程的现场施工管理工作。项目经理部全面负责工程的现场质量、安全、环境及文明施工等各项管理工作,服从、配合业主及其委托的监理工程师的监督与检查，在业主项目公司的领导和协调下，安全、优质、按期完成本工程的施工任务。

作业层设铺轨基地综合作业队、停车场铺轨综合作业队、道岔施工作业队、轨道施工作业队、整体道床作业队、无缝线路施工作业队等共6个专业施工队伍。作业队按要求配备现场管理人员和作业工班。项目部领导层为：项目经理、项目副经理、项目总工程师；下设综合办公室、合约财务部、工程技术部、质量安全部、设备物资部共5个职能部门。

2.施工组织机构

根据工程的特点，组建项目经理部，代表企业全面负责该项目的生产、经营、管理、对外联系和全面履行合同条款，按业主和监理工程师的要求，依据设计文件，安全、优质、按期完成本项目的修建，维护和缺陷修复工作。项目经理部由经理、副经理、总工程师组成领导层。项目部下设四部一室：工程技术质量部、安全部、物资设备部、计财部、办公室，并制定各部门详细的职能及项目管理制度。

3.施工队伍部署及任务划分

（1）施工队伍部署

停车场综合作业队设于停车场内；基地综合作业队、道岔施工作业队、轨道施工作业队、整体道床施工作业队、无缝线路施工作业队设在X站铺轨基地（焊轨基地）。

（2）任务划分

停车场综合作业队负责停车场库内、库外线（含道岔）及附属施工；基地综合作业队负责全标段正线及辅助线轨排拼装及存放；轨道施工作业队负责全标段轨排运输及铺设就位；整体道床施工作业队负责全标段高架桥防水层、整体道床混凝土、钢筋、模板、防迷流、预埋件施工；道岔施工作业队负责全标段正线道岔施工；无缝线路施工作业队负责全标段无缝线路长轨条基地焊接、运输、现场换铺和联焊及附属项目施工。

4.主要管理人员的配备及劳动力组织计划

（1）主要管理人员的配备

本着精干高效、分工合作、各负其责的原则，选调有丰富城市轨道施工经验的人员组成项目领导班子和管理机构。

(2)劳动力组织计划

施工作业层将以熟练技术工人为骨干,工种配置力求合理齐全,全部工程根据不同项目实行专业化施工,充分发挥专业优势和机械作用。计划配备的主要工种有;线路工、装吊工、钢轨焊接工、钢轨探伤工、混凝土工、钢筋工、模板工、机械修理工、电工、电焊工、材料工、测量工、木工、轨道车司机、调车员、值班员、连接员、列检、普工等。

项目经理部在施工前及时组织各类人员进行岗前培训,并视工程进度情况及施工重点实行弹性用工制,根据施工需要及时配备相应工种的人员,动态管理,确保工程按期竣工。纵观整个轨道工期进度安排,由于个别土建结构节点对轨道施工的制约,具备铺轨施工条件的时间普遍较晚,将会造成铺轨工程施工的进度分布不均,后期赶工轨道工程施工工期特别紧张,为保证总体施工工期,现场须增开施工作业面,增加人员的投入。因此要做好劳动力组织安排,做好各工种人员的配置,加强各工种的岗前培训,并制定劳动力组织计划表及劳动力计划直方图。

(四)材料供应及运输方案

1. 材料供应方案

根据施工图纸和规范规定的材料技术标准,按贯标规定进行严格的合格分供方评审后,确定材料供应单位,商定材料价格并签订供货合同,按照工程进度计划,及时、准确地组织好材料供应,保证满足工期要求和生产质量要求。施工材料进场后,立即组织有关部门进行质量验收,并及时填报进场材料报验单,在监理工程师的监督下,进行材料的试验与检验。对发现的不合格产品,立即做好标识,及时清退出场,确保材料供应质量。根据对供货方的资信评价,确定主要施工材料的供货单位。

2. 材料运输方案

材料运输分材料到达运输和工地运输两部分。

(1)材料到达运输方案

根据材料类型及场地情况制定到达运输方案。工程所需钢轨、道岔、轨道扣配件从厂家经铁路运达站点后,钢轨、道岔委托长大件运输公司运达铺轨基地或川沙停车场轨枕存放场，其他小件材料直接用汽车运至铺轨基地存放。

轨枕、道岔支承块、弹性支承块由汽车倒运至铺轨基地。

橡胶制品、塑料制品、隔振器及其他材料直接用汽车运达铺轨基地。商品混凝土就近选择合格分供方供应，用混凝土运送车运至指定地点卸料。

(2)工地运输方案

一是洞内材料运输从轨排基地至铺轨现场主要采用开行工程列车的办法，根据需要用轨道车牵引平板车编组运输。工程列车运输严格按铁路《技规》及业主单位下发的关于轨行区域行车的暂行管理办法的有关规定办理。

商品混凝土采用专用的运输车进行运输至现场，采用汽车泵布料，汽车泵不能输送的地方采用混凝土固定泵加输送管进行浇筑。

在铺轨基地拼装完的成品轨排及预制成型的钢筋由轨道平板车顶进运至铺轨前方，再用铺轨车吊运至作业点铺设。

二是洞内预铺地段的轨道材料按施工进度计划安排提前进场或直接安排汽车运输至施工地点车站位置，利用未封闭的端头井处下料。再利用特殊制造的小轨道机动平车进行材料的运输至施工地点。

(五)施工平面布置及临时设施

施工平面布置是施工方案及施工进度计划在空间上的全面安排。它把投入的各种资源、材料、构件、机械、道路、水电供应网络、生产、生活活动场地及各种临时工程设施合理地布置在施工现场，使整个现场能有组织地进行文明施工。

1.施工总平面布置

根据业主提供的场地条件，结合本工程实际情况，按照招标文件以及施工调查情况，在施工场地范围内，以紧凑合理、尽量减少施工用地为原则，合理布置各类施工机械、规划施工道路、确定各施工区域位置和场地面积、确定办公及生活设施的位置和面积、确定施工用水电管网位置。

2. 其他临时工程规划

其他临时工程规划一般包括进场道路、场内临时道路、垂直安全通道、临时生活设施、施工用水方案、施工排水方案、施工用电方案、施工通信方案等。

第二节　城市轨道交通施工方案

一、工作任务

主要能够承担以下工作任务：了解和掌握施工方案的性质和编制的基本要求；根据不同施工项目，编制可行的施工方案。

二、相关配套知识

（一）施工组织设计

施工组织设计是指拟定工程项目施工分过程的组织、技术和经济等实施方案的综合性设计文件，是施工技术与施工项目管理有机结合的产物，是工程开工后施工活动能有序、高效、科学合理地进行的保证。

施工组织设计其实也是设计的一种，其设计的内容是组织，即如何组织。组织的对象，就是人力、物力、财力。组织的目的是科学合理地施工。简言之，工程的施工组织设计，即针对目标工程所在地所具备的自然、社会、人文等资源现状，综合考虑工程设计的目标任务，采用科学的方式方法来实现各种施工方案的具体实施。

它的主要任务是把工程项目在整个施工过程所需用的人力、材料、机械、资金和时间等因素，按照客观的经济技术规律，科学地做出合理安排，使之达到耗工少、速度快、质量高、成本低、安全好、利润大的要求。

施工组织设计应尽量以图表、方框流程图表示，使其直观、简洁明了，更具有条理性和可操作性。施工组织应实行真正意义上的项目经理负责制，实现责、权、利的统一，在项目经理强有力的领导下，依据施工组织计划制定的各项目标，采取有效的措施，推行各项管理制度，监督现场执行情况，实时调整工作重点，确保对工程质量、安全、工期、进度、成本五大要素进行全方位的控制，达到预期目的。

施工组织设计根据设计阶段和编制对象的不同大致可以分为施工组织总设计、单位工程施工组织设计和分部分项工程施工组织设计等三类。

1.施工组织总设计

施工组织总设计是以一个建设项目为编制对象，规划施工全过程中各项活动的技术、经济的全局性、控制性文件。它是整个建设项目施工的战略部署，涉及范围较广，内容比较概括。它一般是在初步设计或扩大初步设计批准后，由总承包单位的总工程师负责，会同建设、设计和分包单位的工程师共同编制的。它也是施工单位编制年度施工计划和单位工程施工组织设计的依据。

2.单位工程施工组织设计

单位工程施工组织设计是以单位工程为编制对象，用来指导施工全过程中各项活动的技术、经济的局部性、指导性文件。它是拟建工程施工的战术安排，是施工单位年度施工计划和施工组织总设计的具体化，内容应详细。它是在施工图设计完成后，由工程项目主管工程师负责编制的，可作为编制季度、月度计划和分部分项工程施工组织设计的依据。它是为具体指导施工服务的，要具体明确，要解决好各工序、各工种之间的衔接配合，合理组织平行流水和交叉作业，以提高施工效率。

3.分部分项工程施工组织设计

也有称为分部分项工程施工方案。是以工程规模较大的、结构重要和技术复杂的分部(分项)工程为编制对象，用来指导其施工全过程并重点考虑施工方法、机械设备利用、劳动力和材料安排的具体文件。它结合施工单位的月、旬作业计划，把单位工程施工组织设计进一步具体化，是专业工程的具体施工设计。一般在单位工程施工组织设计确定了施工方案后，由施工队技术队长负责编制。

单位工程施工组织设计是施工组织总设计的继续和深化，同时也是单独的一个单位工程在施工图阶段的文件。

分部分项工程施工方案，既是单位施工组织设计中某个分部分项工程更深、更细的施工设计，又是单独一个分部分项工程的施工设计。确定各分部分项工程的施工方法，工程施工的重点和难点，列出工程重点、难点部位名称，详细介绍其施工方法及保证措施。

（二）施工方案的编制

前面已对常规分部分项工程方案进行了介绍和阐述，下面以梯形轨道施工方案和轨道交通测量方案为例进行阐述。

梯形轨道是一种新型的先进的施工工艺，它采用了可以降低噪声的梯形轨枕和减震扣件，大大降低了噪声。为加强梯形减振轨枕铺设的施工管理、保证工程质量，应合理、规范地对梯形轨枕进行运输、吊装、架设、调整和浇筑。

1.施工准备

（1）梯形轨枕的准备

一是在梯形轨枕贴有防震材料的侧面及底部设置隔离层，模板应与梯形轨枕侧面及底部贴实。模板的高度应高于防震材料 3 ~ 5 mm，在与防振材料衔接的位置应以 30 mm 长的斜面平缓过度以便于混凝土与防震材料密贴。

二是检验合格后的梯形轨枕在运输及铺设过程中，应注意保护外贴的模板和防震材料。

三是梯形轨枕运送至施工现场存料场进行堆码存放，在基础承载力能够满足不因其沉降而导致梯形轨枕扭曲的前提下，每垛最多可码放三层。

四是现场堆放轨枕时，经验支撑位置距离端头 1.2 m。码放时应在梯形轨枕与基础之间、每层梯形轨枕之间放置方木，方木应放置在防震材料处。

（2）钢轨、扣件和施工机具的准备

施工用的钢轨、钢筋、扣件、支撑架等材料和机具应提前运至现场。

2.基础处理

在进行基础处理之前，应根据设计要求，确认基础顶面至钢轨顶面高差不小于设计高度；应检查相对L形支座下的基础中预埋钢筋的位置和高程，对不符合图纸要求的预埋钢筋进行处理。

3.铺设钢筋网

（1）铺设L形支座或L形支座基础钢筋时，应严格按照设计图纸进行。铺设顺序：底层—中间层—面层—板块端部—绑扎特殊部位加固钢筋。钢筋铺设应经监理检查合格后方可安装模板。

（2）钢筋网的制作、焊接、绑扎应符合《钢筋焊接及验收规程》（JGJ18-2021）、《混凝土结构工程施工及验收规范》（GB50204-2020）及设计文件的规定。

4.梯形轨枕的吊运、调整

（1）梯形轨枕的吊运

在吊装梯形轨枕时，应按规定的吊点依次将梯形轨枕吊装至安装位置上方。起吊点为四点，其位置设置在梯形轨枕两端的连接钢管的端部。

（2）梯形轨枕的调整

在完成水平调整后，按照基标，对架设于支撑架上的梯形轨枕进行高度的粗调。粗调时，应在梯形轨枕的两侧确定起点，同时使用小型液压千斤顶将梯形轨顶起后调整支撑架，每次起升高度不得大于5 mm，以保持梯形轨枕的平稳。

5.轨道的调整及状态检查

经过精调后，应达到轨道铺设完成后的精度要求，其偏差应符合《地下铁道工程施工及验收规范》（GB50299-1999）的规定，并经现场监理检查确认。轨道位置调整，按下列要求进行：①在梯形轨枕左右安装支撑杆，并通过对其进行调节将梯形轨枕横向移至设计位置，然后拧紧外轨垫板的固定螺栓。②移动垫板、调整轨距。③调整竖向定位螺栓，将轨顶高度调整至设计标高，然后固定。

6.L形支座或L形支座基础浇筑前梯形轨枕的保护

在地上轨道施工浇筑L形支座混凝土，或地下轨道施工浇筑L形支座基础混凝土之前，用塑料布将梯形轨枕以及所有安装完毕的钢轨及配件进行包装，并使用胶带将塑料布粘贴至梯形轨枕边的斜楞处，以免被混凝土污染。

7. 检查、调整轨道位置

在立模前，按照设计图纸和相关技术要求对轨道质量进行检查，如果检查结果超过误差容许值，则需要对轨道进行调整。

8.L形支座或L形支座基础立模、检查

立模前先清洁基础表面，然后对照图纸安装模板。模板支立应牢固，严禁发生跑、胀模现象。模板的允许偏差为：位置±5 mm，垂直度±2 mm。模板支立完成后，应将基础混凝土表面的定位线弹划在模板上以便观测。

9.L形支座或L形支座基础混凝土灌注

（1）浇筑混凝土之前，应检查梯形轨枕上粘贴的隔离层，对损坏的进行修补。自检合格后应报请监理组织隐蔽工程的检查（基础处理、钢筋绑扎），经认定符合要求并签字后方可灌注混凝土。

（2）对每车混凝土进行坍落度试验，保证符合施工要求。

10. 抹面、整修和养生

L形支座或L形支座基础混凝土初凝前应及时进行抹面，并将梯形轨枕、钢轨、扣件、支撑架等表面沾有灰浆的地方立即清理干净。初凝后，观察L形支座与梯形轨枕防震材料处是否密贴，如存在缝隙，立即使用环氧树脂进行填充。初凝后终凝前进行第二次抹面，以提高混凝土的抗拉强度，减少混凝土的收缩量，避免混凝土表面皴裂、起皮，并及时进行覆盖。

混凝土浇筑12 h后，应采用喷洒养护剂的方法进行养护，保持混凝土处于湿润状态，养护时间为4 d，因隧道内为常温，所以无须特殊养护。

11. 梯形轨枕支撑架拆除

在L形支座或L形支座基础混凝土达到设计强度的70%后，对梯形轨枕支撑架进行拆除、清洗和涂油工作。

12. 拆除模板

在混凝土强度达到30 MPa后方可拆除模板；将模板进行拆除时应注意保护成品混凝土的完整性。拆除完毕后的模板应进行清洗并分类摆放、回收。

13.质量检查

对拆除模板后的L形支座进行质量检查,发现外观有问题的可用环氧树脂对表面进行抹面整修处理。

第三节　城市轨道交通施工组织

一、工作任务

主要能够承担以下工作任务:了解和掌握施工组织的基本要求和过程;根据施工组织的过程,合理有效地组织施工。

二、相关配套知识

施工组织是根据批准的建设计划、设计文件(施工图)、工程承包合同和施工组织设计(施工方案),对工程任务从开工到竣工交付使用,所进行的计划、组织、控制等活动的统称。依据工程本身的特点,将人力、资金、材料、机械和施工方法这五要素进行科学合理的安排,使之在一定时间内得以实现有组织、有计划、有秩序的施工,使得工程项目质量好、进度快、成本低。对于具体的工程项目在选定了施工方法和方案后,都要进行时间组织、空间组织和资源组织,这是施工组织最重要的三大组织。

施工组织是针对施工过程中直接使用的建筑工人、施工机械和建筑材料与构件等的组织,即对基本施工过程和非基本施工过程和附属业务的组织,它既包括正式工程的施工,又包括临时设施工程的施工。

施工组织是项目施工管理中的主要组成部分,它所处的地位与作用直接关系着整个项目的经营成果。也可以说,它是把一个施工企业的生产管理范围缩小到一个施工现场(区域)上对一个个工程项目的管理。

(一)施工组织的基本要求

合理组织施工过程,应考虑以下基本要求。

1. 施工过程的连续性

在施工过程中各阶段、各施工区的人流、物流始终处于不停运动状态之中，避免不必要的停顿和等待现象，且使流程尽可能短。

2. 施工过程的协调性

要求在施工过程中基本施工过程和辅助施工过程之间、各道工序之间以及各种机械设备之间在生产能力上要保持适当数量和质量要求的协调（比例）关系。

3. 施工过程的均衡性

在工程施工的各个阶段，力求保持相同的工作节奏，避免忙闲不均、前松后紧、突击加班等不正常现象。

4. 施工过程的平行性

这是指各项施工活动在时间上实行平行交叉作业，尽可能加快速度，缩短工期。

5. 施工过程的适应性

施工条件发生变化时，须及时修改和补充施工组织设计，以便施工组织的执行力。以上海轨道交通2号线东延伸工程18A轨道工程为例：

如果局部地段出现挡道现象，为确保总体工期目标的实现，建议采取以下几点措施，从各方面创造条件，争取早日实现接轨目标，为后续专业施工提供便利条件。

（1）部分车站暂时保留下料口的施工方案

根据现场调查，部分车站基本具备垂直吊装条件，为减少混凝土的运输距离，确保铺轨施工进度，建议在各站暂时保留一处混凝土的下料口，铺轨到达此处后，安装混凝土输送管道，将混凝土泵送至地下轨道平车的料斗上，利用此下料口为前方供应施工所需的混凝土。采用此方法，可减少混凝土运输时间，提高整体道床浇筑效率，加快铺轨施工进度。

（2）车站端头井施工脚手架采用门式脚手架方案

对于个别车站端头井封顶时间较晚的，建议混凝土浇筑时采用搭设墩梁式支撑架的方式，搭设楼板模板支撑架，预留一个距设计钢轨顶面高4 m、宽3.9 m（沿线路中心对称分布）的通道，以便通行铺轨施工机械。

采用此措施，可避免因搭设端头井封顶模板脚手架而影响铺轨施工，铺轨施工期间可不拆除支撑架，只要铺轨施工机械限速通行就可以。

(3)调线调坡测量提前介入的施工方案

根据以往施工经验，在盾构隧道施工完毕后、旁通道施工单位施工设备进场之前，隧道内积水及杂物已经清理干净，隧道内完全通视，具备调线调坡贯通测量的条件。此时可提前通知调线调坡设计单位及时组织进场进行测量工作，提前介入进行调线调坡限界测量，可至少提前10 d交付调线调坡设计资料，为后面的铺轨施工节约10 d的时间。

(二)施工段的划分

在组织流水施工时，通常把施工对象划分为劳动量相等或大致相等的若干个段，这些段称为施工段。每一个施工段在某一段时间内只供给一个施工过程使用。

施工段可以是固定的，也可以是不固定的。在固定施工段的情况下，所有施工过程都采用同样的施工段，施工段的分界对所有施工过程来说都是固定不变的。在不固定施工段的情况下，对不同的施工过程分别地规定出一种施工段划分方法，施工段的分界对于不同的施工过程是不同的。固定的施工段便于组织流水施工，采用较广，而不固定的施工段则较少采用。在划分施工段时，应考虑以下几点：(1)各施工段上所消耗的劳动量尽可能相近；(2)划分的段数不宜过多，以免使工期延长；(3)对各施工过程均应有足够的工作面。

流水施工中施工段的划分一般有两种形式：一种是在一个单位工程中自身分段；另一种是在建设项目中各单位工程之间进行流水段划分。后一种流水施工最好是各单位工程为同类型的工程，如道岔和线路施工，以一组道岔作为一个施工段来组织流水施工。

工作面是表明施工对象上可能安置一定工人操作或布置施工机械的空间大小，所以工作面是用来反映施工过程(工人操作、机械布置)在空间上布置的可能性。

在工作面上，前一施工过程的结束就为后一个(或几个)施工过程提供了工作面。在确定一个施工过程必要的工作面时，不仅要考虑施工过程必需的工作面，还要考虑生产效率，同时应遵守安全技术和施工技术规范的规定。

（三）施工组织的过程

为了保证施工组织顺利实施，应做好以下几个方面的工作：(1)传达施工组织设计的内容和要求：经过审批后的施工组织设计，在开工前要召开各级的生产技术会议，逐级进行交底，详细地讲解其内容、要求和施工的关键与保证措施，组织群众广泛讨论，拟定完成任务的技术组织措施，作出相应的决策。(2)制定各项管理制度：施工组织设计贯彻的顺利与否，主要取决于施工企业的管理素质及经营管理水平。而体现企业素质和水平的标志，在于企业各项管理制度的健全与否。(3)严格执行施工组织设计：认真编制各项实施计划，严格控制工程质量、工程进度、工程成本，确保安全生产和文明施工，做好环境和历史文物保护。(4)统筹安排及综合平衡：在项目的实施过程中，搞好人力、物力、财力的统筹安排，保持合理的施工规模，既能满足工程实施的需要，又能带来较好的经济效果。施工中的任何平衡都是暂时的和相对的，平衡中必然存在不平衡的因素，不断地进行工程实施过程中各种条件的综合。进一步完善施工组织设计，保持施工的节奏性、均衡性和连续性。(5)施工组织设计的检查：施工组织设计检查的内容包括工程进度、工程质量、材料消耗、机械使用和成本费用等，把主要指标数额同其相应的施工内容、施工方法和施工进度的检查结合起来，发现其问题，为进一步分析提供依据。(6)施工组织设计的调整：根据施工组织设计执行情况的检查、发现的问题及其产生的原因，拟定改进措施或方案，对施工组织有关部分或指标进行相应的调整，使施工组织设计在新的基础上实现新的平衡。

前面已对施工准备、施工方案进行了介绍，下面就施工组织过程中的质量和安全控制措施进行简单介绍，在施工组织中必须严格执行相关措施，确保施工组织的有效性。

1. 质量承诺

(1)质量方针

严格作业标准，规范质量管理，优质高效施工，赢得顾客信任。

(2)质量目标

工程竣工验收一次性合格,竣工工程达到优良标准;单位工程一次性竣工验收合格率100%,优良率90%以上。

(3)质量原则

质量具有否决权,上道工序不合格绝不允许进入下道工序。

(4)落实TQC小组活动责任制,确定攻关课题,制定攻关方案。

2.质量保证体系

(1)质量保证体系

按照质量、环境和职业健康安全管理体系,建立工程的质量保证体系。

(2)质量方针和质量目标

质量方针:依靠科技、规范管理、持续改进、顾客满意。质量目标:工程质量合格;全部满足现行有效的国家、地方、部门和行业的规范、规程、标准等要求。

(3)质量控制机构

建立项目经理部、施工队、作业班组三级质量管理网络,按照质量保证体系进行标准化管理,实施标准化作业。

(4)质量管理职责

按照投标人质量、环境和职业健康安全管理体系要求,明确各相关责任人的职责,组织实施、监督检查和处理施工中存在的质量方面的问题,定期组织质量检查,认真贯彻执行投标人为本工程制定的质量方针、目标和投标人有关的质量体系文件。

(5)质量检测及控制程序

质量控制内容:进货检验和试验、生产工艺精度、过程检验、地层加固、地下管线及建筑物的保护、成品保护和检验。

质量检查制度:建立操作人员自检、班组互检、工序交接检,和工前检查、工中检查和工后检查,以及分项分部检验、定期检验和随机抽查的内部检查制度。

质量检查程序:工班自检结束,报请质检员检查合格后,报队质检工程师;质检工程师检查合格后,报项目经理部安质部;安质部验收合格并签认后,报监理工程师检查。

3. 质量保证措施

(1)保证技术管理力量,建立技术管理体系

根据本工程的工程技术特点,投标人员将派选具有较丰富的施工经验、组织管理能力强、技术过硬的工程技术管理人员组成项目技术管理班子,同时组织投标科技攻关组进驻工地,协助项目经理部做好技术攻关及技术管理工作。以项目经理和总工程师为首,建立起本工程的技术管理体系,严格项目工作程序。

(2)完善各项技术管理制度

施工组织管理措施、技术图纸复核制度、技术交底制度、测量复核制度、隐蔽工程检查制度、试验检验制度、技术资料管理制度等。

(3)严格现场技术管理工作

①开展群众性的质量自检、互检、交接检和班前、班中、班后三检制,广泛开展全面质量管理和QC小组活动;

②重要工程部位、重要工序除按设计控制外,都应以测量、试验和监测信息为依据,必要时设置试验段(如无缝钢轨焊接)采集相关参数以指导施工;

③下达计划、调整工序、技术交底应有质量保证措施,制定重要工序、难点部位控制点的实施方案,都要制定操作注意事项。

④组织投标人直属施工、安质、机电、物资等部门赴现场进行现场办公,随时协调解决现场难以解决的问题,确保项目顺利实施;

⑤对难点工程或工序,要组织专家、技术人员和作业人员进行技术攻关,从难点分析入手,有针对性地研究、制定技术方案、操作工艺和实施措施,提高施工技术水平;

⑥加强施工监测。本工程施工要以监测信息为依据,对重点监测项目必须及时地、不断地进行施工中的监测,准确获取量测数据,加以整理、回归分析并及时反馈以指导施工;

⑦加强原材料质量控制;

⑧建立项目经理部和现场质量承包责任制,并分解到工班和个人,严明施工纪律,严格奖惩制度。

(4)施工控制措施

施工控制的好坏直接关系到工程质量乃至工程项目的正常使用。因

此，拟从工程测量和工程试验两项施工控制入手制定相应措施来确保工程质量。

(5)其他各专项工序保护措施

如：隐蔽工程质量保证措施、凝土质量保证措施及方案、钢轨焊接质量保证措施、无缝线路施工质量保证措施、道岔及渡线施工质量保证措施、旁通道地段铺轨施工质量保证措施、特殊季节施工质量保证措施、成品保护措施。

4.工程创优规划

在项目经理部成立质量管理创优领导小组，建立完善的创优管理体系，大力推行名牌战略，制定创优措施和严密的实施方案及实施细则，并层层分解，落实到班组个人。

5.环境保护措施

主要包含以下几个方面：①全面运行ISO14001环境保护体系；②持续改进和污染预防的承诺；③垃圾和工程渣土环境管理措施；④排水设施环境管理措施；⑤施工现场废水控制管理措施；⑥施工现场扬尘控制管理措施；⑦施工现场噪声及振动控制管理措施；⑧环境卫生管理措施；⑨绿色植被保护措施。

6.处理居民来访的及时性与对策措施

为保证施工总体工期，防止出现周边居民因故阻工事件发生，应采取以下措施与周边居民、单位建立和谐良好的公共关系和公共环境。

(1)处理居民来访的及时性

①项目部设立居民来信、来访接待办公室，由项目部书记具体负责。

②对于居民的来访来信热情接待，高度重视居民来信、来访工作，对于来访来信提出的合理问题限时解决，不推诿，不阻挠。项目部范围内能够解决的问题当天予以解决，难度较大的或涉及其他单位的问题，由项目部书记负责牵头联系协调，在不超过两天内解决。

(2)处理居民来访的对策措施

①在施工前，针对项目施工特点与当地政府和居民办事处取得联系，相互了解，建立和谐共存的良好关系，做到群防群治，预防一切不愉快的事情、事件发生。排除和减少外部干扰，保证施工的不间断进行。同时加强与地方公安的配合，做好治安防范与防火防盗工作，对周边居

民的来信来访反映的问题积极响应，及时处理。

②在施工过程中如果发生了一些不和谐的事，由项目部负责接待并及时处理和协调解决，严禁动手打架，不给当地政府和居民带来麻烦。

③建立居民来访来信管理台账，做到不产生遗留问题，必要时由接待办公室派员主动走访周围群众，做到预防为主。

7.安全保证体系和安全保证措施

(1)制定施工安全保证体系和措施

①成立以项目经理为组长，项目副经理、工程部为副组长的安全生产领导小组。

②以施工安全、铁路公路行车安全、人身安全、财务安全为首要职责，层层签订安全责任书。

③严格遵守有关安全生产和劳动保护方面的法律法规和技术标准，建立健全安全生产管理制度，定期检查召开安全会议，发现问题及时解决。

④制定好安全规划，搞好安全教育，消除事故隐患，把不安全的因素消灭在萌芽状态。

⑤成立施工安全保障组织机构。

⑥明确安全生产管理目标。

(2)建立健全各项安全制度及防护措施

①保证安全生产的措施及方案

a.安全生产管理方针、目标，安全管理方针：安全第一，预防为主。

安全管理目标：严格执行国家、铁道部及上海市发布的有关安全生产法规、施工安全操作规程及工程建设标准强制性条文有关规定，安全生产以现行的《建筑施工安全检查标准》(JGJ59-2011)考核指标为依据，达标率100%，并实现既定目标。

b.安全生产保证体系。为贯彻“安全第一，预防为主”的方针，使施工现场的安全管理更加规范化、科学化、标准化，进一步提高本工程项目部安全管理水平，更好地遵守国家、地方以及公司有关安全生产法令、法规、规章要求，依据工程建设规范《施工现场安全生产保证体系》(DGJ08903-2003)要求，建立施工安全生产保证体系。

c.明确安全防范要点，并制定施工安全管理制度。一般施工安全管理制度包括以下部分:安全生产岗位责任制、员工安全生产教育培训制度、施工安全技术交底制度、安全生产考核与奖罚制度、安全生产基金制度、安全风险抵押金制度、项目部安全检查制度、定期安全例会制度;安全事故报告、调查及处理制度、安全专项方案编制、审批制度。

d.安全生产保证措施。一般安全生产保证措施包括以下部分:施工现场安全管理措施、施工现场用电安全保证措施、起重吊装安全保证措施;临时设施施工安全保证措施、施工机械安全保证措施、轨道车运输安全措施、隧道通风、排水安全措施、长钢轨焊接和无缝线路施工安全保证措施、特殊地段铺轨及整体道床施工安全措施;其他相关措施还包括:保护管线和建(构)筑物的措施及方案、消防措施及工地保安措施等。

(四)施工验收

工程项目的验收分为过程验收和竣工验收。过程验收一般为单位工程(工序)验收或者是阶段验收。竣工验收是施工全过程的最后一道程序,也是工程项目管理的最后一项工作。它是建设投资成果转入生产或使用的标志,也是全面考核投资效益、检验设计和施工质量的重要环节。

1.竣工验收的准备工作

在项目竣工验收之前,施工单位应配合监理工程师做好下列竣工验收的准备工作。

(1)完成收尾工程

收尾工程的特点是零星、分散、工程量小,但分布面广,如果不及时完成,将会直接影响项目的竣工验收及投产使用。项目经理是项目管理的总负责人,应当全面负责施工项目竣工验收前的各项收尾工作,加强项目竣工验收前的施工组织与管理。项目经理要从大局出发,小处着手,认真反复核对施工图纸和工程预算项目,把漏项列入竣工收尾计划,下达到施工作业层,指定专人负责,督促完成并组织验收。

项目经理要针对收尾工程零碎、产值不高、工程量不多、往往不引起重视、搞不好“尾巴”会拉得很长的特点,把施工项目的组织与管理工作做好、做扎实。

做好收尾工程,必须摸清收尾工程项目,通过竣工前的预检,做一次彻底的清查，按设计图纸和合同要求，逐一对照，找出遗漏项目和修补工作，制定作业计划，相互穿插施工。

(2)竣工验收资料的准备

竣工验收资料和文件是工程项目竣工验收的重要依据，从施工开始就应完整地积累和保管，竣工验收时已经编目建档。

(3)竣工验收的预验收

竣工验收的预验收，是初步鉴定工程质量，避免竣工进程拖延，保证项目顺利投产使用不可缺少的工作。通过预验收，可及时发现遗留问题，事先予以返修、补修。

2.竣工验收的依据

竣工验收依据主要有：上级主管部门批准的设计纲要、设计文件、施工图纸和说明书，设备技术说明书，招标投标文件和工程合同，图纸会审记录、设计修改签证和技术核定单，现行的施工技术验收标准及规范，协作配合协议，以及施工单位提供的有关质量保证文件和技术资料等。工程项目的规模、工艺流程、工艺管线、生产设备、土地使用、建筑结构、建筑面积、内外装修、质量标准等，必须与上述文件、合同所规定的内容一致。

3.竣工验收的标准

由于建设工程项目门类很多，要求各异，因此必须有相应竣工验收标准，以资遵循。一般有土建工程、安装工程、人防工程、管道工程、桥梁工程、电气工程及铁路建筑安装工程等的验收标准。轨道工程的验收标准就是轨道工程的承轨结构、无缝线路、道岔、防水层及其他附属设备等按照设计图纸、技术说明书、验收规范进行验收，工程质量符合各项要求，在工程内容上按规定全部施工完毕，不留尾巴，并通过试车运行。

4.竣工验收的范围

凡列入固定资产计划的建设项目或单项工程，按照批准的设计文件(初步设计、技术设计或扩大初步设计)所规定的内容和施工图纸的要求全部建成，具备投产和使用条件，不论新建、改建、扩建和迁建性质，都要经建设单位及时组织验收，并办理固定资产交付使用的转账手续。

有的建设项目(工程)基本符合竣工验收标准，只是零星土建工程和少数非主要设备未按设计规定的内容全部建成，但不影响正常生产，亦应办理竣工验收手续。对剩余工程,应按设计留足投资,限期完成。有的项目投产初期一时不能达到设计能力所规定产量,不能因此而拖延办理验收和移交固定资产手续。

有些建设项目或单项工程,已形成部分生产能力或实际上生产方面已经使用,近期不能按原设计规模续建的,应从实际情况出发,可缩小规模,报主管部门(公司)批准后,对已完的工程和设备,尽快组织验收,移交固定资产。

5.竣工验收的条件

施工单位承建的工程项目,达到下列条件者,可报请竣工验收。

(1)主体工程和附属设备,已按设计建成,能满足生产要求。

(2)工程项目(包括单项工程)符合上述基本条件,但实际上有少数非主要设备及某些特殊材料短期内不能解决,或工程虽未按设计规定的内容全部建完,但对投产、使用影响不大,也可报请竣工验收。这类项目在验收时,要将所缺设备、材料和未完工程列出项目清单,注明原因,报监理工程师以确定解决的办法。当这些设备、材料或未完工程已安装完或修建完毕时,仍按前述办法报请验收。

6.竣工验收的程序

竣工验收应由监理单位牵头,施工单位配合进行。

(1)施工单位做竣工预验

施工单位竣工预验是指工程项目完工后要求监理工程师验收前由施工单位自行组织的内部模拟验收,内部预验是顺利通过正式验收可靠保证,为了不致使验收工作遇到麻烦,最好邀请监理工程师参加。

预验收工作一般可视工程重要程度及工程情况,分层次进行。通常有下述三个层次:①基层施工单位自验。基层施工单位,由施工队长组织施工队约有关职能人员,对拟报竣工工程的情况和条件,根据施工图要求、合同规定和验收标准,进行检查验收。主要包括竣工项目是否符合有关规定,工程质量是否符合质量检验评定标准,工程资料是否齐全,工程完成情况是否符合施工图及施工要求等。若有不足之处,及时组织力量,限期修理完成。②项目经理组织自验。项目经理部根据施工队的报告,由项目经理组织生产、技术、质量、预算等部门进行自检,自检内容及要求参照前条。经严格检验并确认符合施工图设计要求,达到竣工标准后，可填报竣工验收通知单。③公司级预验。根据项目经理部的申请，竣工工程可视其重要程度和性质，由公司组织检查验收，也可分部门(生产、技术、质量)分别检查预验，并进行评价。对不符合要求的项目，提出修补措施，由施工队定期完成，再进行检查，以决定是否提请正式验收。

(2)施工单位提交验收申请报告

施工单位决定正式提请验收后应向监理单位送交验收申请报告，监理工程师收到验收申请报告后应参照工程合同的要求、验收标准等进行仔细的审查。

(3)根据申请报告做现场初验

监理工程师审查完验收申请报告后，若认为可以进行验收，则应由监理人员组成验收班子对竣工的工程项目进行初验，在初验中发现的质量问题，应及时以书面通知或以备忘录的形式告诉施工单位，并令其按有关的质量要求进行修理甚至返工。

(4)由监理工程师牵头，组织业主、设计单位、施工单位等参加正式验收

在监理工程师初验合格的基础上，便可由监理工程师牵头，组织业主、设计单位、施工单位等参加，在规定时间内进行正式验收。

7.竣工验收的步骤

竣工验收一般分为两个阶段进行

(1)单项工程验收

是指在一个总体建设项目中，一个单项工程或一个车间已按设计要求建设完成，能满足生产要求或具备使用条件，且施工单位已预验，监理工程师已初验通过，在此条件下进行的正式验收。

(2)全部验收

是指整个建设项目已按设计要求全部建设完成，并已符合竣工验收标准，施工单位预验收通过，监理工程师初验认可，由监理工程师组织以建设单位为主，有设计、施工等单位参加的正式验收。在整个项目进行全部验收时，对已验收过的单项工程，可以不再进行正式验收和办理验收手续，但应将单项工程验收单作为全部工程验收的附件而加以说明。竣工验收会流程：项目经理介绍工程施工情况、自检情况以及竣工情况，

出示竣工资料(竣工图和各项原始资料及记录);监理工程师通报工程监理中的主要内容,发表竣工验收的意见;业主根据在竣工项目目测中发现的问题,按照合同规定对施工单位提出限期处理的意见;暂时休会,由质检部门会同业主及监理工程师讨论工程正式验收是否合格;复会,由监理工程师宣布验收结果,质监人员宣布工程项目质量等级;办理竣工验收签证书。

第三章　明挖法施工

第一节　明挖法施工工序

明挖法是指在地铁施工时挖开地面，由上向下开挖土石方至设计标高后，自基底由下向上进行结构施工，当完成地下主体结构后回填基坑及恢复地面的施工方法。盖挖法是由地面向下开挖至一定深度后，将顶部封闭，其余的下部工程在封闭的顶盖下进行施工的一种方法。

在地铁施工中，若场地开阔、建筑物稀少、交通及环境允许时，应优先采用施工速度快与造价较低的明挖法施工。但是在城市繁忙地带修建地铁时，明挖法往往占用道路，影响交通。因此在交通不能中断而且必须确保一定交通流量的情况下，可选用盖挖法施工。

一、明挖法的特点

在地面建筑物少、拆迁少、地表干扰小的地区修建浅埋地下工程通常采用明挖法。明挖法按开挖方式分为放坡明挖和不放坡明挖两种。放坡明挖法主要适用于埋深较浅、地下水位较低的城郊地段，边坡通常进行坡面防护、锚喷支护或土钉墙支护。不放坡明挖是指在围护结构内开挖，主要适用于场地狭窄及地下水丰富的软弱围岩地区。围护结构形式主要有地下连续墙、人工挖孔桩、钻孔灌注桩、钻孔咬合桩、SMW工法、工字钢桩和钢板桩围堰等。

明挖法施工难度小，容易保证质量，工期短及造价低，因此在早期的地下工程施工中应用较多。但由于该法占地多、拆迁量大、影响交通及噪声污染严重，且随着浅埋暗挖法施工技术的进步和盾构法的引进，明挖法在地下工程修建中应用逐渐减少。目前在国内外地下工程修建中明挖法主要应用于大型浅埋地下建筑物和郊区地下建筑物的修建。明挖法已逐渐演化成盖挖和明暗挖结合的施工方法,但总体来讲明挖法在地下工程建设中仍是主要施工方法。以北京地铁的修建为例,早期由于施工方法的限制,地铁一、二号线基本采用明挖法修建。随着地下工程修建技术的进步,明挖法主要应用于地铁车站的建设及郊区浅埋地下线路的修建。

二、明挖法的施工工序

明挖法施工技术简单、快速、经济,常被作为地铁施工的首选方案。根据地质情况,明挖法施工一般可分为四个步骤:围护结构施工—内部土方开挖—工程结构施工—管线恢复及覆土。而围护结构施工,是明挖法能否顺利实施的关键所在。

明挖法施工中围护结构的选择,应充分考虑地质条件的差异、围护结构的刚度以及对基坑防水的要求等来确定。围护结构可分为排桩围护结构(钢板桩、挖孔桩、钻孔桩、水泥土搅拌桩或劲性水泥土搅拌桩)、地下连续墙围护结构和土钉墙围护结构等。目前,地下铁道明挖基坑所采用的围护结构种类很多,其施工方法、工艺和所用施工机械也各异,因此应根据基坑深度、工程地质和水文地质条件,地面环境条件等,特别要考虑到城市施工的特点,经综合比较后确定。

围护结构及其支撑体系关系到明挖法实施的成败。常见的基坑内支撑结构形式有:现浇混凝土水平面结构、圆形钢管、H型钢等。支撑的总体结构形状取决于开挖工作面,根据支撑方向的不同,可将支撑分为对口撑、角撑、斜撑等,在特殊情况下,也有设置成环形梁的。当内支撑跨度较大时,还需在坑内设临时立柱;当临时立柱构造和位置恰当时,以后就将其变为结构的永久立柱。当侧压力比较小、基坑较浅时,可以不设支撑。

对地下水位较高的地区,土方开挖应注意因水土流失引起支撑不平衡导致的基坑坍塌,或因水土流失引起对周围环境的不利影响。内部结构的施工由下至上分步实施,最后做防水层和完成上部覆土。

明挖法施工工序描述如下:围护结构施工—内井点降水(或基坑底

土体加固)—第一层开挖—设置第一层支撑—第n层开挖—设置第n层支撑—最底层开挖底板混凝浇筑—最下层支撑拆除—混凝土内衬浇筑—自下而上逐步拆支撑—顶板混凝土浇筑。

第二节　基坑种类及其适应性

根据基坑边坡稳定的技术措施和围护结构的不同,可将明(盖)挖法施工中的基坑分为敞口放坡基坑和有围护结构的基坑,如表3-1所示。

表3-1 明(盖)挖法施工中的基坑类别

基坑类别	结构
敞口放坡基坑	边坡面不加支护结构
	喷混凝土面和锚杆护坡结构
围护结构基坑	工字钢桩围护结构
	钢板桩围护结构
	钢筋混凝土钻孔灌注桩围护结构
	人工挖孔桩围护结构
	地下连续墙围护结构
	土钉墙围护结构

在选择基坑类型时,应根据基坑所处位置、地下建筑物埋深、工程地质和水文地质等条件综合因素加以确定。若基坑所处地面空旷,周围无建筑物或建筑物间距很大,地面有足够空地能满足施工需要又不影响周围环境时,则采用敞口放坡基坑施工。因为这种基坑施工简单、速度快、噪声小,无需做围护结构。如果因场地限制,基坑边坡坡度稍陡于规范规定时,则可采用适当的挡土结构,如土钉加混凝土喷抹面对边坡加以支挡,即使如此,该方法的造价仍然是较低的。如果基坑很深,地质条件差,地下水位高,特别是又处于繁华市区,地面建筑物密集,交通繁忙,无足够空地满足施工需要,没有条件采用敞口放坡基坑时,则可采用有围护结构的基坑。

一、敞口放坡基坑

采用敞口放坡基坑修建地下铁道时，保证基坑边坡的稳定是非常重要的，否则，一旦边坡坍塌，不但地基受到震动，影响承载力，而且也影响周围地下管线、地面建筑物和交通安全。

（一）基坑边坡稳定的影响因素和稳定措施

1. 影响因素

基坑边坡坡度是直接影响基坑稳定的重要因素。当基坑边坡土体中的剪应力大于土体的抗剪强度时，边坡就会失稳坍塌。其次，施工不当也会造成边坡失稳，主要表现为：

（1）没有按设计坡度进行边坡开挖。

（2）基坑边坡坡顶堆放材料、土方及运输机械车辆等增加了附加荷载。

（3）基坑降排水措施不力，地下水未降至基底以下，而地面雨水、基坑周围地下给排水管线漏水渗流至基坑边坡的土层中，使土体湿化，土体自重加大，增加土体中的剪应力。

（4）基坑开挖后暴露时间过长，经风化而使土体变松散。

（5）基坑开挖过程中，未及时刷坡，甚至挖反坡，使土体失去稳定性。

2. 稳定措施

（1）根据土层的物理力学性质确定基坑边坡坡度，并于不同土层处做成折线形边坡或留置台阶。

（2）必须做好基坑降排水和防洪工作，保持基底和边坡的干燥。

（3）基坑边坡坡度受到一定限制而采用围护结构又不太经济时，可采用坡面土钉、挂金属网喷混凝土或抹水泥砂浆护面等措施。

（4）严格禁止在基坑边坡坡顶 1 ~ 2 m 范围堆放材料、土方和其他重物以及停置或行驶较大的施工机械。

（5）基坑开挖过程中，随挖随刷边坡，不得挖反坡。

（6）暴露时间在 1 年以上的基坑，一般可采取护坡措施。

(二)基坑边坡坡度的确定

确定基坑边坡坡度有三种方法,即计算法、图解法和查表法。

二、具有围护结构的基坑

地铁明挖法施工基坑所采用的围护结构种类很多,因其施工方法、工艺和所用的施工机械不同而不同,如工字钢桩围护结构、钢板桩围护结构、挖孔桩围护结构、钻孔桩围护结构、地下连续墙围护结构或土钉墙围护结构等。

第三节　地下连续墙围护结构

地下连续墙施工技术起源于欧洲,它是根据打井以及石油钻井使用泥浆和水下浇注混凝土的方法而发展起来的。地下连续墙是利用各种挖槽机械,借助于泥浆的护壁作用,在地下挖出窄而深的沟槽,并在其内浇注适当的材料而形成一道连续地下墙体。1950年意大利米兰首次采用泥浆护壁的地下连续墙作为水力大坝的防渗墙,故地下连续墙技术又称米兰法,随后推广到欧美各国。1959年日本开始应用该技术,并于1961年在日本东京地铁4号线采用。1958年我国水电部首先将该技术用于青岛月子库水坝防渗墙工程。由于地下连续墙具有挡土、防水抗渗及承重等功能,故其在我国地铁的深基坑工程中得到了广泛应用。

一、地下连续墙的类型和特点

(一)地下连续墙的类型

支护基坑的连续墙,按其受力特性可分为四种形式:仅用来挡土的临时围护结构;既是临时围护结构又作为永久结构的边墙,即所谓单层墙;作为永久结构边墙一部分的重合墙。由于地下连续墙的作用不同,所以它和主体结构的连接方式也就不同。

（二）地下连续墙的优点

1. 可减少工程施工时对环境的影响。施工时振动少，噪声低，对周围相邻的工程结构和地下管线的影响较小，沉降及变位较易控制。

2. 防水抗渗性能好。近年来改进了地下连续墙的接头构造，提高了地下连续墙的防渗性能，除特殊情况外，施工时不需降低地下水位。

3. 地下连续墙刚度大，能承受较大的侧压力，在基坑开挖时，变形小，因而周围地面沉降少，不会危害邻近建筑物。

4. 适用于多种地基条件，除熔岩地质外可适用于各种地质条件，在承压水头很高的砂岩石层采取措施后，也能采用。

5. 在建筑物密集地区可以施工，对邻近建筑物及基础不产生影响，施工中距建筑物基础1 m左右就可以顺利施工。

6. 地下连续墙适宜与顺作、逆作施工相结合，既可用于超深围护结构，也可用于主体结构。

（三）地下连续墙的缺点

1. 施工后对废泥浆要进行处理，管理不善时会造成现场泥泞，同时还会对地基及地下水造成污染。

2. 墙面虽可保证垂直度，但比较粗糙，经常需要再做一层内衬墙。

3. 造价较高，若结合工程实际，使其既作为临时围护、抗渗墙，又作为地下永久结构，可降低工程造价。

二、地下连续墙成槽机械

成槽机械是地下连续墙施工的关键设备，应根据地质条件、开挖断面、技术要求等进行选用。目前在施工中应用较多的成槽机械有抓斗式、回转式和冲击式三种。

（一）抓斗式成槽机

抓斗式成槽机分液压抓斗和钢索抓斗两种。钢索抓斗是最简单的挖土机械，效率不高而液压抓斗的切土力较强，成槽效率高。

(二)回转式成槽机

以回转的钻头切削土体进行挖掘,钻下的土渣随循环泥浆排出地面。从钻头数目来看,有单头钻和多头钻之分。单头钻主要用来钻导孔,多头钻多用来挖槽。多头钻是一种采用动力下放、泥浆反循环排渣、电子测斜纠偏和自动控制钻进成槽的机械,日本称之为BW钻机。我国参考BW钻机同时结合我国国情,设计和制造了SF型多头钻。

(三)冲击式成槽机

通过钻头的上下运动或变换运动方向,击碎地基土,借助泥浆循环把土渣带出槽外,冲击钻机依靠钻头的冲击力击碎地基土,所以不仅适宜于一般土层,对较硬的石质地层亦适用。

三、地下连续墙施工

(一)工艺流程

地下连续墙的施工大致要经过筑导墙、成槽、吊放接头管、吊放钢筋笼、浇筑水下混凝土及拔出接头管成墙等环节。

(二)导墙构筑

在地下连续墙施工中,导墙的作用以及形式的选择非常重要。

1. 导墙的作用

(1)挡土

在挖掘地下连续墙沟槽时,地表土松软容易坍陷,因此在单元槽段挖完之前,导墙起挡土作用。

(2)基准作用

导墙作为测量地下连续墙挖槽标高、垂直度和精度的基准。

(3)承重

导墙既是挖槽机械轨道的支承,又是钢筋笼接头管等搁置的支点,有时还承受其他施工设备的荷载。

(4)存蓄泥浆

导墙可存蓄泥浆,稳定槽内泥浆液面。泥浆液面始终保持在导墙面以下20 cm,并高出地下水位1 m,以稳定槽壁

(5)其他

导墙还可防止泥浆漏失,阻止雨水等地面水流入槽内;地下连续墙距现有建(构)筑物很近时,在施工中还起到一定的补强作用。

导墙一般为现浇钢筋混凝土结构,应具有必要的强度、刚度和精度,要满足挖槽机械的施工要求。

2.导墙的形式

在确定导墙形式时应考虑下列因素:地表土层的特性,荷载情况,地下连续墙施工时对邻近建(构)筑物可能产生的影响,地下水状况。当施工作业面在地面以下(如在路面以下施工)时还要考虑对先施工临时支护结构的影响。

导墙的形式如图3-1所示,其中(a)、(b)断面最简单,它适用于表层土质良好和导墙上荷载较小的情况;(c)、(d)为应用较多的两种,适用于表层土为杂填土、软黏土等承载能力较弱的土层,因而将导墙做成倒"L"形或"][”形;(e)适用于作用在导墙上荷载很大的情况,可根据荷载计算其伸出部分的长度;(f)适用于相邻建(构)筑物一侧需加强的情况,以保护建(构)筑物:(g)适用于地下水位高的土层,须将导墙提高,以保持泥浆面距地下水位1 m,导墙提高后两边要填土找平。

(a)　　　　(b)

(c)　　　　(d)

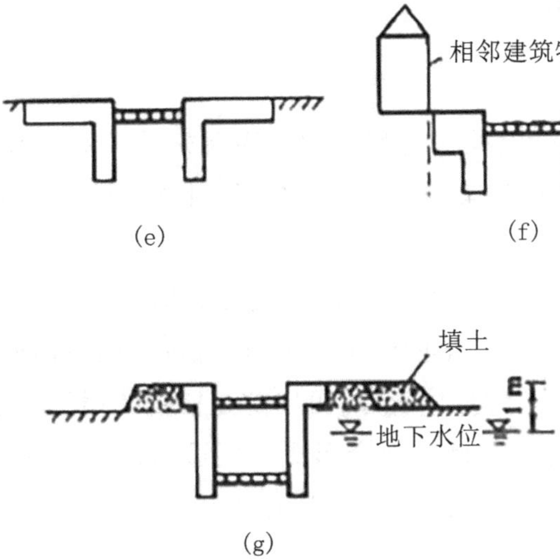

图3-1　地下连续墙导墙形式

3. 导墙施工顺序

平整场地—测量定位—挖槽—绑钢筋—支模板(一侧利用土模,一侧用模板)—支对撑—浇筑混凝土—拆模板加横撑—整理两侧土方(空填满夯实)。

4. 导墙施工要点

(1)导墙基底应和地基密贴,墙侧回填土用黏性土夯实。

(2)导墙中心位置即地下连续墙的中心,在平面上必须按测量位置施工,在竖向必须保证垂直。

(3)导墙转角处形式如图3-2所示,以保证转角处断面的完整。

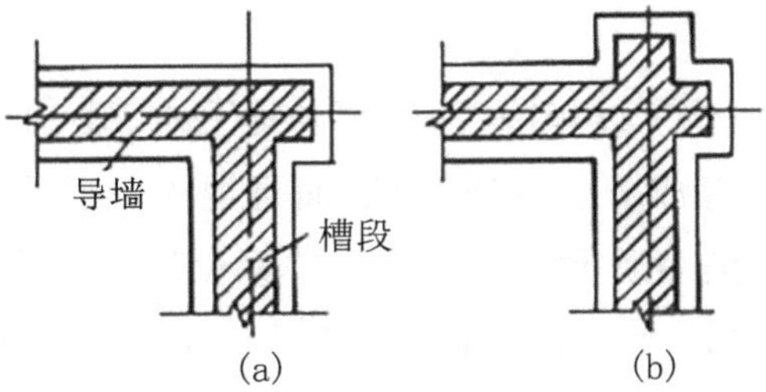

图3-2　导墙

(4)导墙内水平钢筋必须相互连接成整体。

(三)护壁泥浆

1. 泥浆的作用

泥浆在地下连续墙挖槽过程中的作用首先是护壁,其次是携渣,再就是冷却和润滑机具,泥浆的正确使用是保证挖槽成功的关键。

(1)护壁

泥浆具有一定的密度,当槽内泥浆液面高出地下水位一定高度时,泥浆在槽内对槽壁产生一定的静水压力,可抵抗作用在槽壁外侧的土压力和水压力,相当于一种液体支撑,可以防止槽壁倒塌和剥落,并防止地下水渗入。此外,泥浆在槽壁上会形成一层透水性很低的泥皮,使泥浆的静水压力有效地作用在槽壁上;泥浆还可从槽壁表面向土层内渗透并达到一定范围,泥浆黏附在土颗粒上,这种黏附作用可降低槽壁的透水性,并防止槽壁坍塌。

(2)携渣

泥浆具有一定黏度,能将钻头式挖槽机挖下的土渣悬浮起来,便于土渣随同泥浆排出槽外,并避免土渣沉积在工作面内影响挖槽。

(3)冷却和润滑

冲击式或钻头式挖槽机在泥浆中挖槽,泥浆可作冷却剂以降低因冲击或回转而引起的机具温度升高,亦可作为钻具的润滑剂以减少机具磨损,延长机具寿命,提高挖槽效率。

2. 泥浆的配合比与性能指标

泥浆搅拌常用高速回转式(即螺旋桨式)搅拌机,拌好的泥浆在贮浆池内,一般静止 24 h 以上,最低不少于 3 h,以便膨润土颗粒充分水化膨胀。

在地下连续墙施工过程中,泥浆要与地下水、砂、土、混凝土接触,使得膨润土、掺合料等成分会有所消耗,而且混入一些土渣和电解质离子等,使泥浆受到污染而质量恶化。泥浆的恶化程度与挖槽方法有很大关系,如用钻抓法挖槽,大量土渣由抓斗直接抓出装车运走,泥浆污染程度低;如用反循环的多头钻成槽则污染程度高。使用过的泥浆,经过处理后可重复使用,在污染严重难以处理或处理不经济时则舍弃。

（四）挖槽

挖槽是地下连续墙的主要工序，提高挖槽施工效率是缩短工期的关键。保证挖槽的精度是提高地下连续墙质量的关键。

1. 槽段划分

槽段的划分就是确定单元槽段的长度，它既是进行一次挖掘的长度，也是一次浇筑混凝土的长度。单元槽段愈长，可提高墙体的整体性和截水、防渗功能，并提高工作效率，但要结合以下条件综合考虑确定其长度：

（1）地质条件对槽段壁面稳定性的影响。当地层不稳定时，为防止槽壁倒坍，应减小槽段的长度，以缩短成槽时间。

（2）对相邻建（构）筑物的影响。当附近有高大建筑物或地面有较大荷载时，为了保证槽壁的稳定应缩短槽段长度，以缩短槽壁暴露时间。

（3）槽段最小长度不得小于挖槽机械工作装置的长度。

（4）由于钢筋笼是整体吊装，因此其尺寸、大小、重量，应结合现场起重机械的能力考虑。

（5）混凝土供应能力。每个单元槽段内的混凝土宜在4 h内浇筑完。

（6）泥浆储备池的容量。一般泥浆储备池的容量应不小于每个单元槽段容量的2倍。

（7）作业面和连续作业时间。通常单元槽段可采用2～4个挖掘最小长度，一般可为4～8 m，但最后封闭槽段应采用2个挖掘单元。

2. 槽段开挖

（1）钻抓式挖槽机开挖

挖槽时，采用两孔一抓施工工艺。预先在每一个挖掘单元的两端先用潜水钻机钻两个直径与槽段宽度相同的垂直导孔，然后用导板抓斗依次挖除导孔之间的土体使之形成槽段。导孔位置必须准确垂直，以保证槽段质量。钻抓式挖槽机挖槽工艺如图3-3所示。

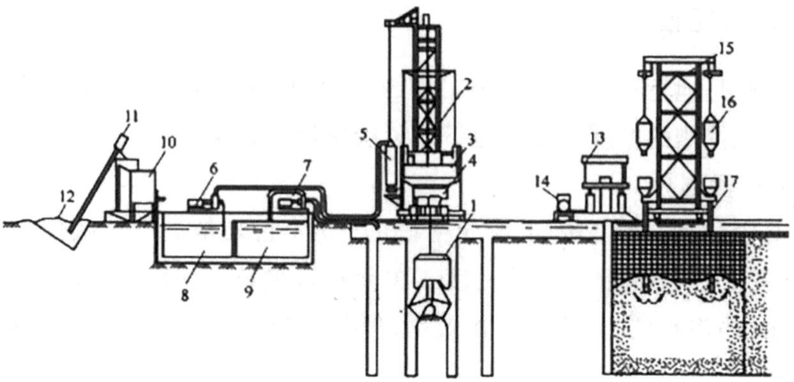

图3-3 地下连续墙用钻抓式挖槽机施工时的工艺布置

1—导板抓斗；2—机架；3—出土滑槽；4—翻斗车；5—潜水电站；6、7—吸泥渠；8—泥浆池；9—泥浆沉淀池；10—泥装搅拌机；11—螺旋输送机：12—膨润土：13—接头管顶升架；14—油泵车；15—混凝土灌注机：16—混凝土吊斗；17—混凝导管

掘削的泥土混在泥浆中，以反循环方式排出槽外，依次下钻形成有效长1.3～2 m的圆形掘削单元。排泥采用专用潜水砂石泵或空气吸泥机，不断将吸泥管内泥浆排出。下钻时应使吊索处于张力状态，保持钻机适当压力，引导机头垂直成槽。下钻速度取决于泥渣排出能力和土质硬度，应注意保持下钻速度均匀。一般采用吸力泵排泥，速度为9.6 m/h；采用空气吸泥法及砂石泵排泥，速度为5 m/h左右。

(2)回转式多头钻成槽机开挖

多头钻成槽机属无杆钻机，一般由组合多头钻机(由45台潜水钻)机架和底座组成钻头，采取对称布置正反向回转，使扭矩相互抵消，旋转切削土体成槽。

(3)清槽代

为了给下道工序(如安装接头管、吊放钢筋笼、浇筑混凝土)提供良好条件，确保墙体质量，应对残留在槽底的土渣、杂物进行清除。

清槽一般采用吸力泵、空气压缩机和潜水泥浆泵等排渣，如图3-4(a)、(b)、(c)所示，当下钢筋笼后清槽则可用混凝土导管压清水或稀泥浆清槽，如图3-4(d)所示。

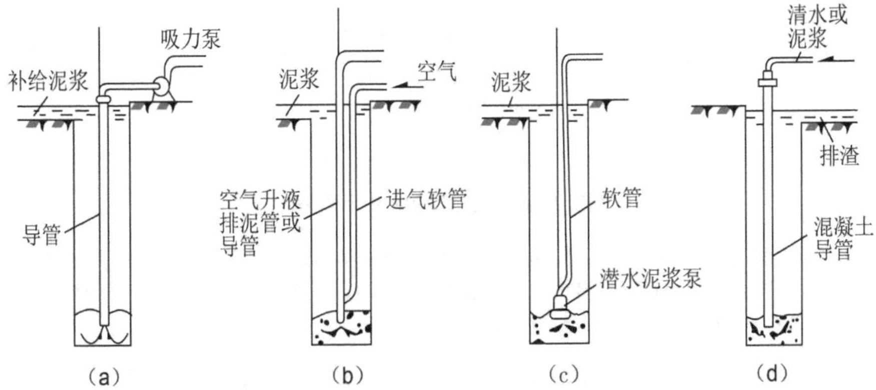

图3-4　连续墙清槽方法

注：(a)吸力泵清槽；(b)压缩空气清槽；(c)潜水泥浆泵清槽；(d)利用混凝土导管压清水或泥浆清槽

(五)槽段接头施工

地下连续墙施工要划分单元槽段，槽段之间有接头，接头的施工质量关系到墙体的防渗性与整体性。划分单元槽段时必须考虑槽段之间的接头位置，以保证地下连续墙的整体性。一般情况下接头避免设在转角处以及内部结构的连接处。常用接头如图3-5所示。

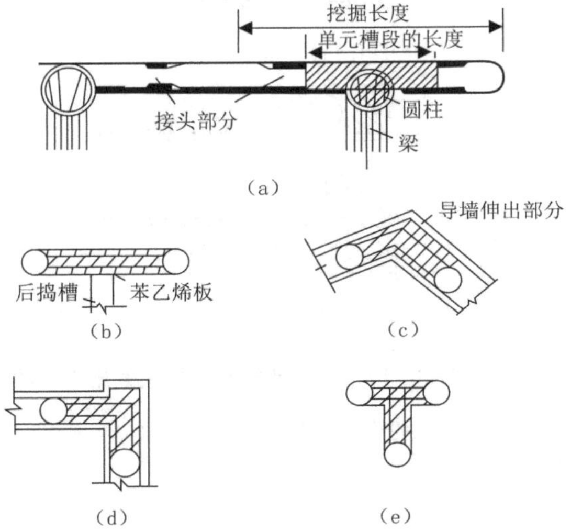

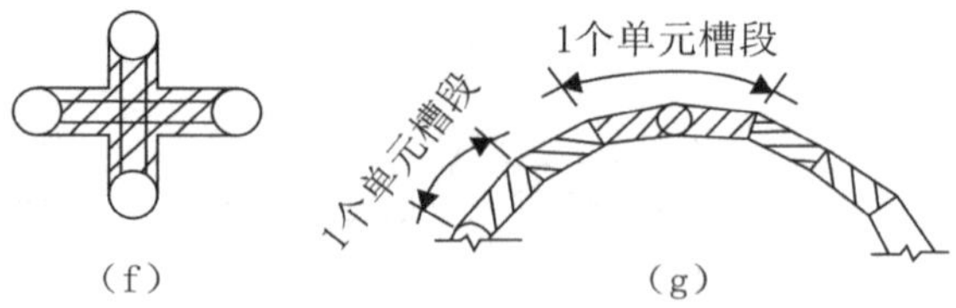

图3-5 地下连续墙接头示意图

(a)接头部分设在柱与柱之间;(b)接头设在与内部结构连接以外,预留插筋,用乙烯板覆盖;(c)、(d)接头设在拐角以外,拐角使用整体钢筋笼;(e)、(f)接头设在丁字和十字连接以外,连接处用整体筋笼;(g)圆形、多边形结构连接

常见的地下连续墙接头施工方法有接头管接头和接头箱接头两种。

1.接头管接头

又称锁口管接头,是地下连续墙用得最多的一种接头施工方法,槽段挖好后在其两端吊入接头管,其施工过程如图3-6所示。

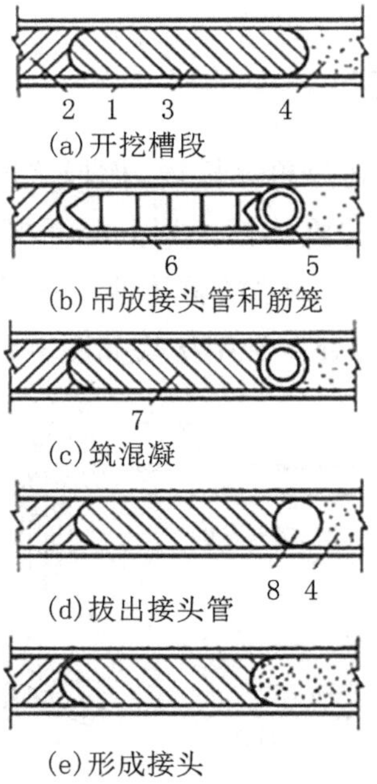

图3-6 地下连续墙接头管接头的施工过程

1—导墙;2—已浇筑混凝土的单元槽段;3—开挖的槽段;4—未开挖的槽段;5—接头管6—钢筋笼;7—正浇筑混凝的单元槽段;8—接头管出后形成的圆孔

2.接头箱接头

接头箱接头使地下连续墙形成更好的整体,接头处刚度好。接头箱

与接头管施工相似，只是以接头箱代替接头管。单元槽挖成后，先吊出接头箱，再吊放后一个槽段的钢筋笼。其施工过程如图 3-7 所示。

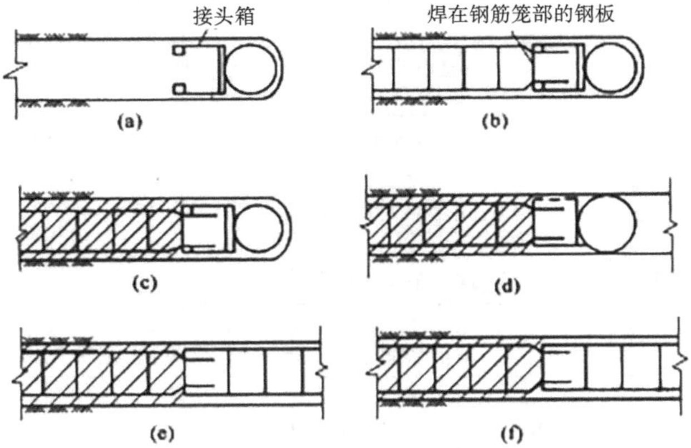

图3-7 地下连续墙接头箱接头的施工示意图

(a)插入接头箱；(b)吊钢筋笼；(c)浇筑混土；(d)吊出接头箱；(e)吊放后一个槽的钢筋笼：(f)浇筑后一个槽段的混凝形整体接头

第四节 钻孔灌注桩围护结构

基坑围护临时支撑立柱、雨水箱涵临时立柱、电力管线桥架立柱、抗拔桩采用钻孔灌注桩施工。对岩层强度不高的钻孔桩用旋挖钻机施工，对岩层强度较高的钻孔桩采用冲击钻施工。

一、旋挖钻施工

(一)施工工艺流程

旋挖钻施工工艺流程如图 3-8 所示。

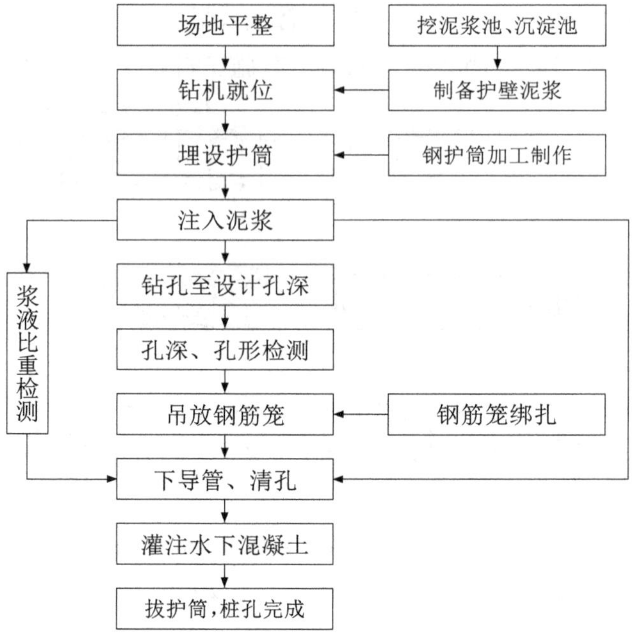

图3-8　旋挖钻钻孔桩施工工艺流程图

(二)主要工序及技术要点

1.钻孔作业

(1)测量放线

测放出围护桩的位置并编号。

(2)钻机就位

钢护筒安装完毕,吊装钻机就位。就位时要求保持机身平稳,钻杆中心与桩位中心重合,进行钻杆垂直度检验,调整钻机磨盘的水平度,使钻杆垂直度达到要求,然后再进行钻进施工。

为保证施工质量,钢护筒中心位置应与钻孔桩中心重合,水平偏差不大于20 mm。护筒定位后,人工开挖护筒内土方,使护筒均匀下沉。施工过程中护筒兼作围护措施,保证施工安全。

(3)埋设护筒

钻孔桩为避免孔口坍塌,埋设护筒。护筒采用钢护筒,直径比桩径大10 ~ 20 cm,钢板厚6 mm;护筒顶标高比地面标高高出30 ~ 40 cm,护筒周边需夯实。

(4)泥浆

泥浆用膨润土和添加剂人工进行调制,根据施工场地地质报告及现场实际配备泥浆。灌注混凝土时的回收浆,先放入沉淀池中沉淀,测试其指标后,进行调整或废弃。

(5)成孔

旋挖钻机动力头与伸缩式钻杆相连,由柴油机驱动液压马达来转动钻杆,电脑自动控制钻杆垂直度、深度和液压加压系统,通过液压加压,旋转筒式钻头,进行原始土体的挖掘,每钻进 1.0 ~ 1.2 m,筒内旋满土体后,回旋钻头 3 ~ 5 周,使钻头下口充分封闭后提升桶式钻头,打开钻头斗门,卸土至工程车或装载机斗中,由工程车直接运至弃土场,如此循环直至桩底。成孔过程中注意连续补充浆液,防止水头低于护筒底引起缩孔或孔口坍塌。经常测定泥浆比重,遇砂层时稳定液中可加入黏土,增大泥浆护壁能力,并视地质情况,及时更换钻头,黏土采用普通筒式钻头,砂层及淤泥等土层采用下口为可密封式钻头。

在钻孔过程中,对地质情况作详细记录,当钻孔至设计标高时根据取出的土质性质判断地质情况是否与设计一致,不一致时报告设计代表和监理工程师后进行变更处理,经检查合格后方可钻孔。孔深和孔底沉渣采用标准测锤检测;孔径及孔形检查采用笼式探孔器(用 8 和 12 钢筋制作)入孔检查,检查时将探孔器吊起,使笼的中心与孔的中心、吊绳保持一致,缓慢放入孔内,上下畅通无阻表明桩径满足设计要求,否则有局部缩径或孔斜现象,应采取措施处理。

(6)清孔

钻孔达到桩底设计标高后,经检验孔深、孔径、垂直度符合要求,地质条件与设计相符,即可进行清孔。清孔采用泥浆泵持续吸渣约 5 ~ 15 min,把孔底钻渣清除干净,用测锤测量孔内的沉渣厚度不大于设计及规范规定后清孔方达到要求。

2. 钢筋笼加工及吊装

(1)钢筋笼加工

钢筋笼采用现场加工制作,加工尺寸严格按设计图纸及规范要求施作。钢筋笼主筋采用焊接,焊接长度符合设计要求,接头相互错开。主筋与加强筋、箍筋采用点焊。钢筋笼加工完毕，报请监理验收，合格后方可使用。将制作好的钢筋笼稳固放置在平整地面上，防止变形，并挂牌标明钢筋笼的长度及对应的桩号。

钢筋笼自上而下安放混凝土垫块，保证浇筑桩的保护层厚度。

(2)钢筋笼吊放

采用25 t吊车分1～2次下放钢筋笼。在下方钢筋笼节与节之间的孔口采用双面焊，焊缝长度不小于5 e(e为钢筋直径)。

起吊钢筋笼采用两点起吊法。下笼时由人工辅助对准孔位，保持垂重、轻放、慢放，避免碰撞孔壁。下放过程中若遇到障碍时立即停止，查明原因进行处理。

下放钢筋笼时，技术人员在场严格控制笼顶标高，达到设计标高后四周固定三根吊杆，吊杆用25钢筋加工，下部焊在钢筋笼主筋上，上部弯钩吊挂于井口方木上，防止钢筋笼下沉或浇筑混凝土时上浮。

3.水下混凝土浇筑

水下浇筑混凝土施工顺序：下放导管安设漏斗—悬挂隔水塞或滑阀—浇筑首批混凝土—浇筑混凝土至桩顶—拔出导管。

首先安设导管，用吊车将导管(直径250 mm)吊入孔内，保持位置居中，导管下口与孔底距离保留约300～500 mm。浇筑首批混凝土之前在漏斗中放入充气隔水球，浇筑时应快速连续浇筑至导管底部，埋入混凝土面以下1.5 m以上，使隔水球留在孔底。浇筑混凝土使导管埋入混凝土中深度不小于1.5 m，连续不断浇筑，浇筑过程中用测锤测探混凝土面高度，推算导管下端埋入混凝土的深度，并做好记录，正确指导导管的提升和拆除。在浇筑过程中将井孔内溢出的泥浆处理后外运至指定地点弃放，防止污染环境。

二、冲击钻施工

(一)施工工艺流程

钻孔桩施工工艺流程如图3-9所示。

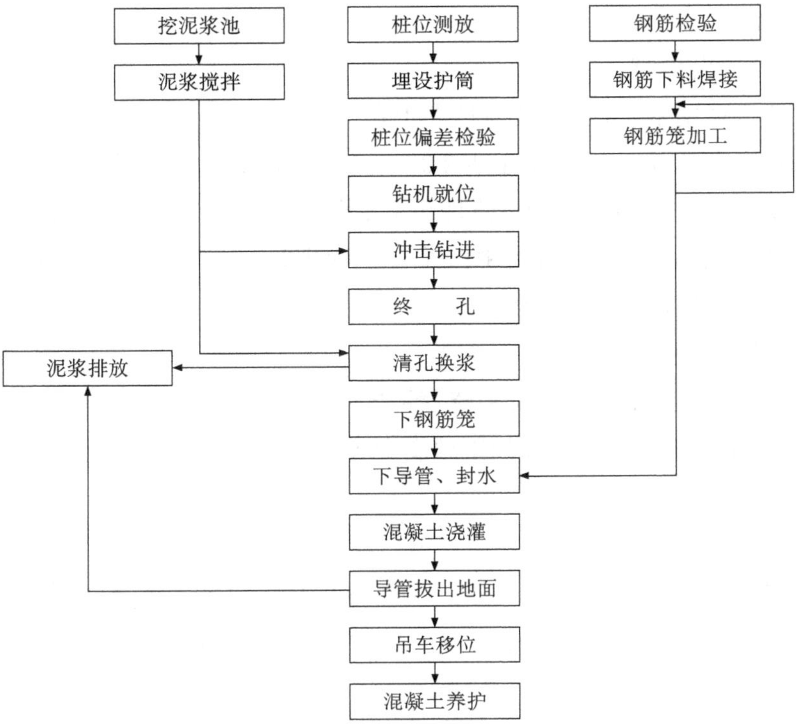

图3-9　钻孔桩施工工艺流程图

（二）主要工序及技术要点

1. 钻孔准备

技术准备：在钻孔施工前技术负责人必须组织会审设计图纸和测量放样，确定钻孔方案和钻孔顺序，编制具体的施工工艺和制订有效的安全技术措施等。

钻孔平台准备：在测量放样完成后，便可准备钻孔平台。场地为旱地时，应清除杂物，换除软土，整平夯实；场地为陡坡时，可用枕木、型钢等搭设工作平台。

施工准备：场地清理、施工平台搭设完毕后，须进行安装水电管路、布置泥浆池和沉淀池、安装调试钻机等后续工作，并组织劳动力准备进行桩基施工。

2.钻孔

(1)埋设护筒

护筒采用钢制护筒,其内径大于孔径 20 ~ 30 cm,护筒长度至少 3 m,其顶口必须高于地下水位至少 2.0 m,且高出地面 0.3 m,以便泥浆循环。护筒采用人工挖孔埋设,护筒埋设后,其周围 0.5 ~ 1.0 m 范围采用黏性土夯填密实,避免钻孔过程中漏浆。护筒埋设后,其平面位置偏差不大于 2 cm,倾斜度不大于 0.5%。

(2)钻孔泥浆

钻孔过程中,采用泥浆护壁、浮渣。钻孔泥浆采用优质黏土或膨润土调制,必要时,则掺用添加剂改善泥浆性能,添加剂品种、掺用量由试验确定。

(3)钻机就位

钻机安装就位后底盘平稳、牢固,以保证钻孔过程中不发生沉陷和产生移动。钻机顶部的起吊滑轮缘、冲锤和桩孔中心三者须在同一铅垂线上,其最大偏差控制在 2 cm 内。

(4)冲击钻进

钻孔前,一切准备工作就绪,钻孔桩分项工程开工报告报送监理批复后,才能正式开钻。开钻时,先采用低频钻进,当钻头穿过护筒底 1 m 以下后,再以正常速度钻进。钻孔过程中,经常检查泥浆性能和钻孔中心位置,并采取有效措施及时改进,防止钻孔事故发生。

钻孔作业分班连续进行,认真填写钻孔记录,在土层变化处捞取渣样,判明土层,以便与地质剖面图相核对。当与地质剖面图严重不符时,及时向监理工程师汇报,并按监理工程师指示办理。

(5)钻孔检查

钻孔达到设计标高后,成孔质量采用先进的测壁仪或孔规进行检查,孔规采用钢筋制作,孔规直径不少于桩孔钢筋笼的设计直径加 100 mm,孔规长度为 4D ~ 6D(D 为桩孔直径)。当钻孔深度符合设计要求后,在第一次清孔完毕,放置钢筋骨架前,对钻孔全长进行检查,并报告监理工程师复查。

钻孔质量须满足下列要求:

平面位置:群桩不大于 100 mm,单排桩不大于 50 mm。

钻孔直径：不小于设计孔径。

倾斜率：不大于1%。

深度：对于摩擦桩不小于设计要求。

(6)终孔及清孔

本工程钻孔灌注桩采取导管真空反循环工艺。当钻孔达到设计规定深度后，将钻头提起利用导管采用真空反循环再次进行清孔，以保证清孔质量满足设计和规范要求；清孔后，其孔内泥浆、孔底沉渣厚度须符合下列要求；

泥浆指标：相对密度 1.15 ~ 1.20 $kg \cdot m^{-3}$；黏度 17 ~ 20 Pa·s；含砂率<4%；胶体率>98%。

孔底沉渣厚度：不大于150 mm。

(7)钢筋笼的制作及安装

桩孔钢筋骨架在车间按预定的分节长度加工下料后，运至现场绑扎成型，在孔口处对接并整体吊放至设计位置。钢筋的加工遵照《公路桥涵施工技术规范》(JTG/T 3650-2020)及设计要求进行，每一断面接头率不大于50%。钢筋笼标准分节长度为9 m，其底节和顶节长度根据钢筋骨架总长度而定。

为防止钢筋笼起吊及运输过程的变形，须采取有效措施：钢筋笼加强箍筋处加焊临时十字支撑，以增强其刚度，并在吊放桩孔过程中依次拆除；钢筋笼起吊时，采用大小钩进行空中翻身或采用2台吊机抬吊，避免起吊过程中钢筋笼弯曲变形。

钢筋骨架采用四周设置凸出的定位钢筋或弧形定位混凝土垫块来保证混凝土保护层厚度。钢筋骨架安装时，其底面高程偏差应控制在±50 mm，顶面中心与桩孔中心重合，并采用有效的方法进行固定，防止混凝土浇筑过程中钢筋笼上浮、倾斜和移动。

(8)水下灌注混凝土

桩身水下混凝土采用垂直导管法浇筑。导管采用250 ~ 300 mm的钢导管。导管使用前，须计算确定管节后预拼，并进行水密、承压及接头抗拉试验，试验时的水压大于孔底压力的1.5倍。导管预拼时应用油漆刻划长度尺寸，安装时应对号入座并使导管底部距孔底预留250 ~ 400 mm的空间。

二次清孔符合要求后，立即进行水下混凝土浇筑工作。首批混凝土浇筑采用拨球法。拨球浇筑前，混凝土储存量须大于4 m^2，以保证首批混凝土灌注后，导管埋深大于1 m。

水下混凝土浇筑须连续地进行。在整个浇筑过程中，应经常量测孔内混凝土面层的高程，做好混凝土灌注记录，控制导管埋深在2～4 m。任何情况下，导管埋深不少于2 m，且不大于6 m。

孔内混凝土面位置的探测，采用比重锤探测。混凝土灌注到桩顶上部5 m以内时，不再提升导管，待灌注至规定标高依次提出导管，拔管采用慢提及振动，以保混凝土密实。

水下混凝土浇筑，应始终保持正常的浇筑速度，尽量缩短导管拆除时的间断时间，防止堵管事故发生。浇筑水下混凝土时，孔口溢出的泥浆应引流至适当地点或弃运至指定地点处理，以防止环境污染。混凝土浇筑至设计桩顶标高后，应超灌0.5～1.0 m，以保证桩头混凝土强度与承台的连接质量。

水下混凝土浇筑是钻孔灌注桩施工最重要、最关键的工序，必须引起高度重视。浇筑混凝土前，对混凝土供应能力、混凝土拌和质量、劳动力组织、灌注设备等进行全面的检查确认，并进行详细的技术交底。同时，对混凝土灌注过程中可能出现的灌注事故，应采取有效的预防和紧急处理措施，确保水下混凝土灌注质量。

第五节　基坑土钉墙围护结构

基坑土钉墙围护结构是近年来发展起来用于土体开挖和边坡稳定的一种新型挡土结构。由于其具有经济、施工快捷等优势，在我国得以迅速推广和应用。所谓土钉墙支护就是利用加固和锚固现场原位土体的细长杆件（土钉）作为受力构件，与被加固的原位土体、喷射混凝土面层共同组成的支护体系。这种围护结构近年来在北京、广州、深圳等城市的高层建筑深基坑中采用较多。在北京地铁西客站预埋区间隧道的明挖基坑中也已采用，取得较好的效果。

土钉墙围护结构用于深基坑开挖的方法如下：即从上到下分段开挖

土方，每段高度一般为 1 ~ 2 m，并在开挖面上设置土钉，然后挂网喷混凝土。视土质情况，也可先挂网喷混凝土，后设置土钉。土钉可击入土体，但通常都是先钻孔，然后插入土钉并注浆。

一、土钉墙的作用机理及工作性能

（一）土钉墙的作用机理

土钉通过滑裂面将基坑周围土体加固，土钉与土共同工作，形成了能大大提高原状土强度和刚度的复合性土体，如同重力式挡土墙。在土体受力条件改变的情况下，土体必然发生相应变形，通过土钉加固土体与土的摩擦力，使土钉被动受拉而给土体施加约束使其稳定，土钉墙由密集的土钉群、被加固的原位土体、喷射混凝土面层和必要的防水系统组成。图 3-10 为钻孔注浆型土钉示意图。

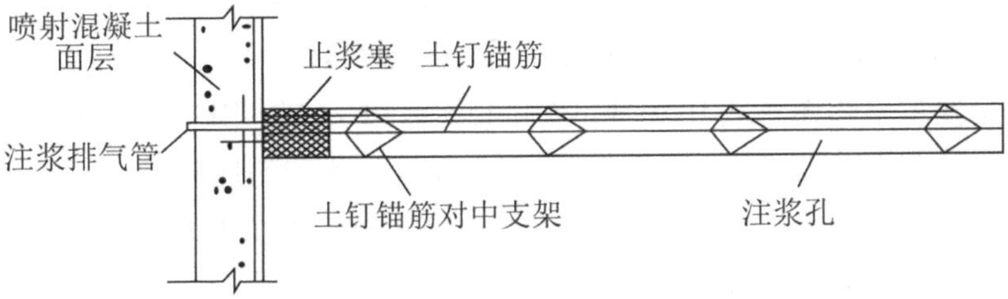

图 3-10　钻孔注浆型土钉

土钉与锚杆有相似之处，但作用机理不相同：对于锚杆除锚固段外，锚杆沿其长度受到同样的拉力，并将这拉力通过锚座传给面层的挡土墙或桩；但土钉受力沿其长度是不均匀的，土钉支护中的湿喷混凝土面层不属主要受力构件，土钉间距小而数量多，锚杆间距大而数量少。土钉与灌浆锚杆相同之处较多，但土钉一般都较短，而灌浆锚杆则较长。

（二）土钉墙工作性能

1. 土钉墙支护变形较小，最大水平位移发生于墙体顶部，越往下越小。土钉墙支护体内的水平位移随离开墙面距离增大而减少。

2. 土钉内的拉力分布是不均匀的，一般呈现中间大，两端小的规律，土体产生微小变形时才能使土钉受力。

3.采用密集土钉加固的土钉墙支护性能类似重力式挡土墙,破坏时明显带有平移和转动的性质。

4.在土钉墙支护整体破坏以前,喷射混凝土面层和土钉一般不会产生破坏现象。

5.墙面土压力分布并不接近三角形,在坡处土压力减少,其合力为库仑土压力的70%,这种土压力减少是土钉将土连接成一个整体而造成的。

二、土钉墙的特点

1.能合理地利用土体的自承能力,将土体作为支护结构的不可分割部分。

2.结构轻型,柔性大,有良好的抗震性和延展性。

3.施工便捷、安全,土钉的制作与成孔简单易行,且灵活机动,便于根据现场监测的变形数据和特殊情况及时变更设计。

4.施工不需单独占用场地,当施工场地狭小、放坡困难、有相邻建筑、大型护坡施工设备不能进场时,该技术显示出独特的优越性。

5.稳定可靠,支护后边坡位移小,水平位移一般为基坑深度的0.1%~0.2%,最大不超过0.3%,承载能力强。

6.工期短,可以随开挖随支护,基本不占用施工工期。

7.费用低,与其他支护类型相比,工程造价降低10%~40%。

三、土钉墙的应用范围

1.地下水位以上或进行人工降水后的可塑硬塑以及坚硬的黏性土。

2.胶结或弱胶结(包括毛细水黏结)的粉土砂和角砾填土。

随着土钉墙理论与施工技术的不断成熟,在经过大量工程实践后,土钉墙支护技术在杂填土、松散砂土、软塑或流塑土、软土中也得以应用,并可与混凝土灌注桩、钢板桩或在地下水位以上的土层与止水帷幕等配合使用进行支护,从而扩大了土钉墙支护的使用范围。采用土钉墙支护的基坑深度不宜超过 18 m。

四、土钉墙施工

(一)施工流程

编写施工方案及施工准备—开挖清理边坡—孔位布点—成孔安设钉钢筋(钢管)—注浆—铺设钢筋网—喷射混凝土面层—开挖下一步。土钉墙的施工流程如图 3-11 所示。

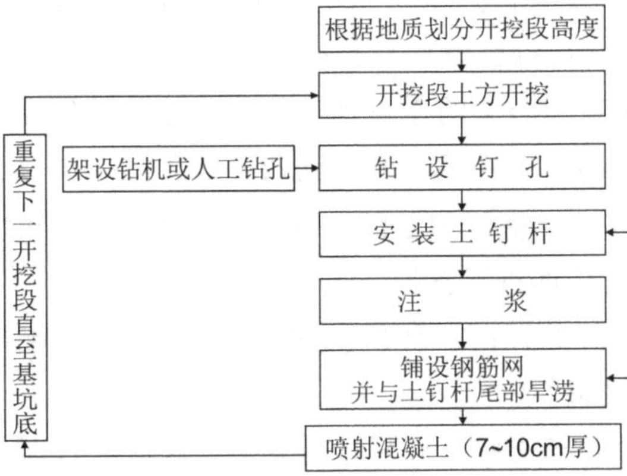

图 3-11　土钉墙施工流程图

根据不同土质特点和支护构造方法，上述个别顺序可以变化。支护内的排水以及坡顶和基底的排水系统应按整个支护从上到下的施工过程穿插设置。

(二)施工工艺

1.准备工作

认真学习规范，熟悉设计图纸，以书面形式请甲方提供地下障碍物、管线位置图，了解工程的质量要求以及施工中的监控内容，编写施工方案。

2.施工前应确定基坑开挖线、轴线定位点、水准基点变形观测点等，并在设置后加以妥善保护。

3.组织项目管理小组及专业施工队伍，对施工人员进行班前技术学习安全交底，并完成上报审批程序。

4.按照施工方案选择施工机具与工艺，并检查设备运转情况，安排现场水、电、照明及施工。材料进场后做好原材料的检验与混凝土、水泥浆的适配。

2.开挖

（1）土钉墙支护应按施工方案规定的分层开挖深度，按作业顺序施工，在完成上层作业面的土钉与喷射混凝土以前，不得进行下一层开挖。

（2）当用机械进行土方作业时，严禁边壁出现超挖或造成边壁体松动，当基坑边线较长时，可分段开挖，开挖长度 10 ~ 20 m。

（3）分层开挖的深度和施工的作业顺序应保证修整后的裸露边坡能在规定的时间内保持直立，并在限定的时间内完成支护。应尽量缩短边壁土体的裸露时间，对于自稳能力差的土体，如高含水量的黏性土和无天然粘结力的砂土必须立即进行支护。

（4）为防止基坑边坡的裸露土体发生塌陷，对于易塌的土体应因地制宜采用相应的防范措施。

（5）开挖过程中如遇到土质与原设计有异常情况时应及时进行信息反馈。

3.清理边坡

基坑开挖后，基坑的边壁宜采用小型机具或小铲进行切削清坡，以达到设计规定的坡度。

4.孔位布点

土钉成孔前，应按设计要求定出孔位并做出标记编号。孔位的允许偏差不大于 150 mm。

5.成孔

根据经验，一般采用人工成孔的孔径、孔深、孔距、倾角必须满足设计标准，其误差符合《基坑土钉支护技术规程》（CECS96-97）的要求。如出现边坡土体含水量较大，杂填土较厚、松散砂层等情况不宜进行人工成孔时，可采用钢管代替钢筋，利用机械打入土层，钢管上可每隔 300 mm 钻直径 8 ~ 10 mm 的出浆孔梅花形布置，并用角钢 30 星倒刺状焊于孔边，以防打管时散落土粒堵塞出浆孔，同时增加其抗拔力。钢管前端宜做成锥形，以减少打入时的摩擦力。成孔过程中如遇障碍物需调整孔位时，不得影响支护安全。成孔后要进行清孔检查，对塌孔处应及时处理。

6. 置钉及注浆

（1）置钉

在直径 18 ~ 32 m 的级或级钢筋上设置定位架，保证钉钢筋处于孔的中心部位，支架沿钉长的间距为 2 ~ 3 m 左右，支架的构造应不妨碍注浆时浆液的自由流动。

（2）注浆

成孔后应及时将土钉钢筋置入孔中，可采用重力、低压（0.4~0.6 MPa）或高压（1~2 MPa）方法按配合比将水泥浆或砂浆注入孔内。重力注浆以满孔为止，但需进行 1 ~ 2 次补浆；压力注浆采用二次注浆法，并在钻孔口设置止浆塞和排气孔；注浆导管应先插入孔底以低压注浆，同时将导管以匀速缓慢撤出，导管的出浆口应始终处在孔中浆体的表面以下，保证孔中气体能全部逸出。导管离孔口 0.5 ~ 1 m 时高压注满，并保持高压 3~5 MPa；采用钢管时应使用高压注浆，注满后及时封堵，让压力缓慢扩散；注浆时需加入早强剂和膨胀剂以提高注浆体早期强度和增大其与孔壁土体的摩擦力。

7. 铺设钢筋网片

钢筋网片可用直径 6 ~ 8 mm 盘条钢筋焊接或绑扎而成，网格尺寸 150 ~ 300 mm。在喷射混凝土之前，面层内的钢筋网片应固定在边壁上并符合规定要求的保护层厚度。钢筋网片可用插入土中的钢筋固定，在混凝土喷射时应不出现振动。

8. 喷射混凝土面层

（1）喷射混凝土的顺序应自下而上，喷头与受喷面距离宜控制在 0.8 ~ 1.5 m 范围内，射流方向垂直指向喷射面。在钢筋部位应先喷钢筋后方，然后再喷填钢筋前方，防止在钢筋背面出现空隙。也可在铺设钢筋网片之前初喷一次，铺设网片之后再进行复喷，一次喷射厚度不宜小于 40 mm，喷射混凝土前应先向边壁土层喷水润湿。喷射时应加入速凝剂以提高混凝土的凝结速度，防止混凝土塌落。

（2）为保证喷射混凝的厚度，可用插入内用以固定钢筋网片的钢筋作为标志加以控制。当面层厚度超过100 mm时应分两次喷射，每次喷射厚度宜为50～70 mm。继续进行下步喷射混凝土作业时，应仔细清除预留施工缝接合面上的浮浆层和松散碎屑，并喷水使之潮湿。为使施工缝搭接方便，每层下部300 mm可喷成45°的斜面形状。

（3）喷射混凝土终凝后2 h，应根据当地条件，采取连续喷水养护5～7d。

（4）土钉墙支护时的湿喷混凝土面层宜插入基坑底部以下，深度不小于0.2 m在基坑顶部也宜设置宽度为1～2 m的喷射混凝土护顶。

9.排水系统

（1）土钉墙支护宜在排除地下水的条件下施工，包括地表排水支护内部排水和基坑排水，以避免土体处于饱和状态并减轻作用于面层上的静水压力。

（2）基坑顶部四周可做散水和排水沟，坑内应设置排水沟和集水坑，并与边保留0.5 m～1 m的距离，集水坑内的积水应及时抽出。

（3）如基坑侧壁水压较大时，可在支护面层背部插入长度为400～600 mm、直径不小于40 mm的水平导水管，外端伸出支护面层，间距1.5～2m，以便将混凝面层后积水排出。

五、原材料

水泥：采用强度等级为32.5 MPa的普通硅酸盐、渣硅酸盐水泥。砂、石子采用细度模数不小于2.3 MX的中砂和粒径不大于12 mm的细石，含量不大于3%，石子含泥量不大于2%。

钢筋钢管：Ⅱ级或Ⅲ级钢筋直径18～32 mm；盘条钢筋6～8 mm，直径48 mm的钢管。外加剂：采用符合有关规范要求的早强剂、膨胀剂和速凝剂，在冬季施工时喷射混凝土中应加入防冻剂。

第四章　浅埋暗挖法施工

第一节　浅埋暗挖法的初期支护

浅埋暗挖法是一种在距离地表很近的地下进行地铁暗挖施工的方法。我国地铁建设者们在近几年施工中成功地应用了该方法，并根据我国地质情况，总结出了比较成熟的经验和理论。在明挖法、盾构法不适应的条件下，充分显示了浅埋暗挖法的优越性。浅埋暗挖法施工步骤是：先将钢管打入地层，然后注入水泥或化学浆液，使地层加固，再进行短进尺开挖，一般每循环在0.5～1.0 m左右施作初期支护随后施作防水层，最后完成次支护。当然，浅埋暗挖法的施工需利用监控测量获得的信息进行指导，这对施工的安全与质量都是非常重要的。浅埋暗挖法可以独立使用，如北京西单地铁站就是完全以此方法建成的，也可以与其他施工方法综合使用，如北京地铁天安门西站、王府井站、东单站则是用浅埋暗挖法与盖挖法相结合修建的部分区间隧道则是用半断面插刀盾构法与浅埋暗挖法相结合建成的，也就是说浅埋暗挖法与其他施工方法有很强的兼容性。我国浅埋暗挖法的整体配套技术已处于国际领先水平，国际隧道协会有关专家也认为这是地下工程的一次突破。目前我国浅埋暗挖法施工技术已有自己全套设计和施工理论，并且已被国内外所采用。

浅埋暗挖法的初期支护是保证地铁隧道能否安全施工的关键工序，常用的方法有锚杆支护、喷射混凝土支护和钢拱架支护等。

一、锚杆支护

锚杆(索)支护在技术、经济方面的优越性，使其在地铁工程领域中得到广泛应用和发展，锚杆种类按其与支护体锚固形式可分为如下几种：

（一）端头锚固式

端头锚固锚杆利用内、外锚头的锚固来限制围岩变形松动。安装容易，工艺简单，安装后既可以起到支护作用，又能对围岩施加预应力。但杆体易腐蚀，错头易松动，影响长期锚固力，一般用于硬岩地下工程的临时加固。

（二）全长黏结式

全长黏结式锚杆采用水泥砂浆（或树脂）作为填充黏结料，不仅有助于锚杆的抗剪和抗拉以及防腐蚀作用，而且具有较强的长期锚固能力，有利于约束围岩位移。安装简便，在无特殊要求的各类地下工程中，可大量用于初期支护和永久支护。

（三）摩擦式

摩擦式锚杆是用一种沿纵向开缝（或预变形）的钢管装入比钢管外径小的钻孔内，对孔壁施加摩擦力，从而约束孔周岩体变形。安装容易，安装后立即起作用，能及时控制围岩变形，又能与孔周变形相协调。但其管壁易锈蚀，故一般不适于用作永久支护。

（四）早强药包内锚头锚杆

早强药包内锚头锚杆是以快硬水泥卷或早强砂浆卷或树脂作为内锚固剂的内锚头锚杆。

（五）混合式

混合式锚固是端头锚固方式与全黏结锚固方式的结合使用，它既可以施加预应力，又具有全长黏结锚杆的优点。但安装施工较复杂，一般用于大体积、大范围工程结构的加固。

二、喷射混凝土支护

喷射混凝土是使用混凝土喷射机，按一定的混合程序，将掺有速凝剂的细石混凝土喷射到岩壁表面上，并且迅速固结为一层支护结构，从而对围岩起到支护作用。

喷射混凝土可以作为隧道围岩中的临时支护和永久支护，也可以与各种形式的锚杆、钢拱架、钢筋网等构成复合式支护结构。它的灵活性很大，可以根据需要分次追加厚度。喷射工艺种类有干喷、潮喷、湿喷和混合喷四种。主要区别是各工艺的投料程序不同，尤其是加水和速凝剂的时机不同。

钢纤维喷混凝土是一种很适合用作隧道支护的材料，它能将脆性的混凝土材料改造成韧性材料，柔性的喷层再加上韧性就能有效地吸收和控制底层的变形。喷射钢纤维混凝土已在地铁施工中广泛应用。

（一）干喷

干喷是将骨料、水泥和速凝剂按一定比例在不加水的情况下搅拌均匀，然后装入喷射机用压缩空气使干集料在软管内呈悬浮状态压送到喷仓，再在喷嘴处与高压水混合，以较高速度喷射到岩面上。

干喷的缺点是产生的粉尘量和回弹量大，加水是由喷嘴处的阀门控制的，水灰比的控制精度与喷射手操作的熟练程度有关。但使用的机械较简单，机械清洗和故障处理比较容易。

（二）潮喷

潮喷是将骨料预加少量水，使之呈潮湿状，再加水泥拌和，从而降低上料、拌和及喷射时的粉尘。但大量的水仍是在喷头处加入和喷出的，其喷射工艺流程和使用机械与于喷工艺相同，目前施工现场使用较多的是潮喷工艺。

（三）湿喷

湿喷是将骨料、水泥和水按设计比例拌和均匀，用湿式喷射机压送到喷头处，再在喷头添加速凝剂后喷出。湿喷混凝土质量容易控制，喷射过程中粉尘和回弹量很少，是当前发展应用的喷射工艺。但对喷射机械要求较高，机械清洗和故障处理较麻烦。对于喷层较厚的软岩和渗水隧道，则不宜使用湿喷。

（四）混合喷射

混合喷射又称水泥裹砂造壳喷射法，它是将一部分砂加第一次水拌湿，再投入全部水泥强制搅拌造壳；然后加第二次水与减水剂拌和成二次砂浆；将另一部分砂、石和速凝剂强制搅拌均匀，然后分别用砂浆泵和干式喷射机压送到混合管混合后喷出。混合喷射是分次投料搅拌工艺与喷射工艺的结合，其关键是水泥裹砂造壳技术。混合喷射工艺使用的主要机械设备与干喷工艺基本相同，但混凝土的质量比干喷混凝土质量要好，粉尘和回弹率大幅度降低。缺点是使用机械数量较多，工艺较复杂，机械清洗和故障处理很麻烦。因此混合喷射工艺一般适用于喷射混凝土量大和大断面隧道工程中。

三、钢拱架支护

钢拱架是对锚喷复合衬砌的再加强。钢拱架整体刚度大，能很好地与锚杆、钢筋网、喷射混凝土结合，形成可靠的初期复合衬砌。

钢拱架的构造可以采用型钢、工字钢、钢管或钢筋制成。现场采用以钢筋制作的格栅钢架较多。

在暗挖法施工的地铁隧道中，目前最常用的初期支护形式是锚杆加喷射混凝土，对自稳性较差的软弱围岩，可在喷射混凝土中加入钢纤维或在锚杆端部挂设钢筋网，然后再喷射混凝土；对自稳性很差的软弱围岩，在开挖前要采取辅助加固措施，在开挖后，有时还采用钢拱架加锚杆联合支护的措施。

四、注意事项

结合有关地铁隧道施工经验，应遵循“管超前、严注浆、短开挖、弱爆破、强支护、快封闭、勤测量、速反馈”的施工原则。针对工程地质条件，地面建筑物密集的特点，施工时应注意以下几点。

1. 根据地质条件变化情况、地层变位监测结果，适时调整施工方法和支护参数确保施工安全。

2. 开挖上断面时，尽可能缩短台阶长度，及早形成封闭结构。

3. 大管棚选用锚索钻机钻孔，以确保管棚一次性贯穿隧道浅埋地段，减少循环。注浆时严格控制注浆压力，既能达到固结破碎岩体，也可防止注浆压力过大引起地表隆起而破坏房屋。

4. 钻爆开挖时，严格按微振控爆施工，控制同段最大装药量，采用高精度非电毫秒编排起爆网络；消除爆破引起的共振现象。同时利用起爆延时人为造成振动波形成的倒相干扰，避免振速过大引起地面房屋开裂和压缩地层产生过大地面沉降。

5. 加强爆破振动对建筑物振动的监测及地面建筑物水平位移与沉降观测，及时反馈并指导施工。

第二节　浅埋暗挖法的二次支护

按照浅埋暗挖法施工原理，作为复合受力的二次支护是在围岩或围岩加支护稳定后施作的，此时隧道已成形，因此二次支护多采用顺作法，即由下到上，先墙后拱顺序连续灌筑。在隧道纵向，则需要分段进行，分段长度一般为 9 ~ 12 m。二次支护多采用模筑混凝土作为内层衬砌。顺作法模筑混凝土二次支护，须配有足够的混凝土连续生产能力，和相应便于组装就位的模板。

一、施工机械

模筑混凝土衬砌施工常用的施工机械主要有：整体移动式模板台车、穿越式（分体移动）模板台车和拼装式拱架模板。

1. 整体移动式模板台车主要适用于全断面一次开挖成形或大断面开挖成形的隧道衬砌施工中。它采用大块曲模板、机械或液压脱模、背附式振捣设备集装成整体，并在轨道上行走，有的还设有自行设备，从而缩短立模时间，墙拱连续灌筑，加快衬砌施工速度。

模板台车的长度即一次模筑段长度，应根据施工进度要求、混凝土生产能力和灌注技术要求以及曲线隧道的半径等条件来确定。

2.穿越式（分体移动）模板台车的生产能力大，可配合混凝土输送泵联合作业，是较先进的模板设备。但其尺寸大小比较固定，可调范围较小，影响其适用性，且一次性设备投资较大。我国有些施工单位自制了较为简单的穿越式模板台车，效果也很好，如图4-1所示。

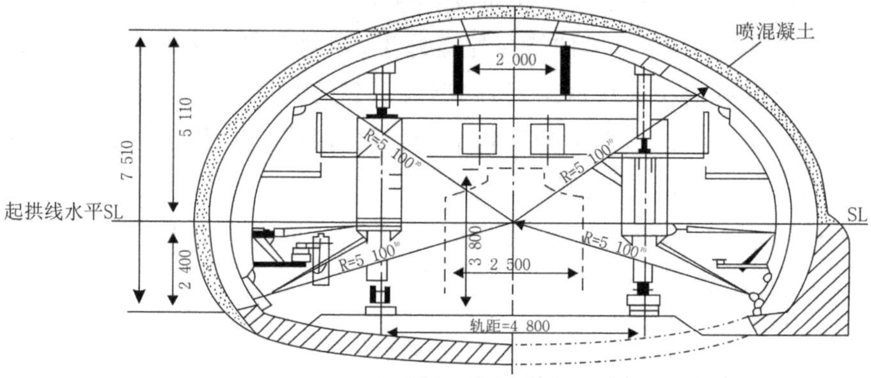

图4-1　穿越式分体移动模板台车示意图

3.拼装式拱架模板设备简单，常由施工单位自制。拼装式拱架模板的拱架可采用型钢制作或现场用钢筋加工成桁架式拱架。为便于安装和运输，常将整个拱架分解为2~4节，进行现场组装，其组装连接方式有夹板连接和端板连接两种形式。为减少安装和拆卸工作量，可以做成简易移动式拱架，即将几个拱架连成整体，并安设简易滑移轨道。拼装式拱架模板多采用工厂制作定型组合钢模板。

二、灌注衬砌混凝土

在灌注衬砌混凝土时，虽然要求将超挖部分回填，但由于操作方法的原因，其中有些部位并不可能回填得很密实，这种现象在拱顶背后一定范围内较为突出。因此，要求在衬砌混凝土达到设计强度后，向这些部位进行压浆处理，以使衬砌与围岩密贴（全面紧密接触），达到限制围岩后期变形、改善衬砌受力工作状态的目的。

仰拱位于隧道断面的拱底，在侧压和底压较大时，应及时修筑仰拱使衬砌环向封闭，避免边墙挤入造成开裂甚至失稳。但仰拱和底板施工占用洞内运输道路，对前方开挖和衬砌作业的出渣、进料造成干扰。因此，应对仰拱和底板的施作时间、分块施工顺序和运输的干扰问题进行合理安排。

底板提供地下铁道的路基，仰拱和底板的灌注可以纵向分条、横向分段进行。纵向通常可分为左右两部分，交替进行；横向分段长度应视边墙施工缝、伸缩缝、沉降缝及运输要求来确定。当侧压力较大时，底部开挖分段长度不能太长，以免墙脚挤入。为方便施工，仰拱和底板可以合并灌筑，但应保证仰拱混凝土强度符合设计要求

灌筑仰拱和底板时，必须把隧道底部的虚渣、杂物及淤泥清除干净，排除积水。超挖部分应用同级混凝土或片石混凝土灌注密实。

隧道衬砌混凝土的灌注应注意以下几点：

1. 保证捣固密实，使衬砌具有良好的抗渗防水性能，尤其应处理好施工缝。

2. 整体模筑时，应注意对称灌注，两侧同时或交替进行，防止未凝固的混凝对拱架模板产生偏压而使衬砌尺寸不符合要求。

3. 若因故不能连续灌注，则应按规定进行接茬处理。衬砌接茬应顺着半径方向。

4. 边墙基底以上1 m范围内的超挖，宜用同级混凝土同时灌注。其余部分的超、欠挖应按设计要求及有关规定处理。

5. 衬砌分段的施工缝应与设计沉降缝、伸缩缝及设备洞位置统一考虑，合理确定。

6. 多数情况下隧道施工过程中洞内的湿度能够满足混凝土的养护条件。但在干燥无水的条件下，则应注意进行洒水养护。采用普通硅酸盐水泥拌制的混凝土，其养护时间一般不少于7 d；含有外加剂或有抗渗要求的混凝土，一般不少于14 d。养护用水温度应与环境温度基本相同。

7. 二次支护的拆模时间应根据混凝土强度增长情况来确定。一般在混凝强度达到2.5 MPa时方可拆模。有承载要求时，应根据具体受力条件来确定。

第三节　隧道施工的超前支护

对地铁隧道工作面实施直接开挖，是以良好地质条件为前提的，但事实上这个假定只能是对稳定性较好的围岩才成立，对于软弱破碎围岩则不然。在这种情况中，即使是采取短进尺开挖，开挖面也会向下坍塌。其结果是造成支护和开挖面前方的更大坍塌，甚至影响后方施作支护部分的稳定或波及地表沉陷。当地下水丰富时，这种情况就更为严重。隧道工程事故主要来自这一阶段。

为此，对软弱破碎围岩，需采取一些辅助稳定措施。例如：在开挖过程中留核心土稳定工作面，施作超前锚杆来加固前方围岩，临时仰拱及时封闭，利用管棚超前支护前方围岩，注浆加固围岩和堵水等。以下对较常用的超前锚杆（或小钢管）、管棚、超前小导管注浆技术进行介绍。

一、超前锚杆（或小钢管）

超前锚杆是沿开挖轮廓线，将锚杆以一定的外插角斜向插入前方，即在开挖的轮廓外周形成对前方围岩的预锚固，使得开挖面的开挖作业在提前形成的围岩锚固圈保护下进行。超前锚杆（或小钢管）预支护的柔性较大，整体刚度较小。锚杆可以与系统锚杆焊接以增强其整体性，但在围岩应力较大时，其后期支护刚度仍不够大。因此，这种超前支护主要适用于围岩应力较小、地下水较少、岩体软弱破碎和开挖工作面有可能坍滑的隧道施工中，适合用中小型机械施工。

超前锚杆（或小钢管）的设计参数包括直径、超前量、环向间距、外插角等，应视围岩类别、施工断面大小、开挖循环进尺和施工条件等以及参照经验资料综合选用。一般超前长度为循环进尺的3～5倍，搭接长度宜为超前长度的40%～60%，即大致形成双层或双排锚杆。

超前锚杆（或小钢管）的设置应充分考虑岩体结构面特性，一般可以仅在拱部设置，必要时也可以在边墙局部设置。超前锚杆（或小钢管）纵向两排的水平投影，应有不小于1.0 m的搭接长度，如图4-2所示。

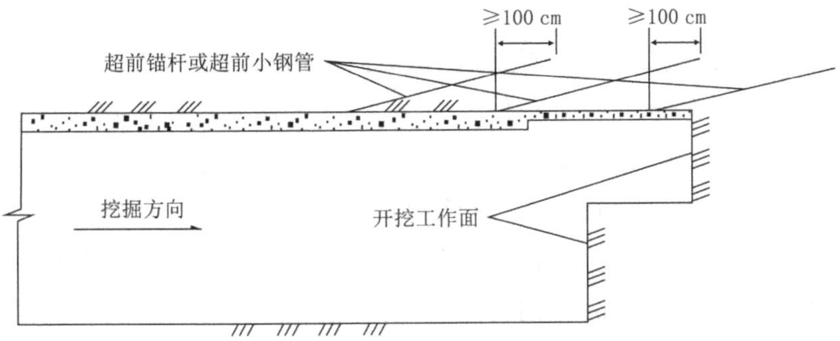

图 4-2 超前锚杆（或小钢管）支护布置示意图

超前锚杆（或小钢管）支护宜和钢拱架支撑配合使用，并从钢拱架腹部穿过。超前锚杆宜采用早强砂浆锚杆，使其提早发挥超前支护的作用；超前小钢管应平直、尾部焊接、顶部呈尖锥形状。在安设前应检查小钢管尺寸，钢管顶入钻孔长度不应小于小钢管长度的90%。

超前锚杆（或小钢管）尾端一般置于钢架腹部或焊接于系统锚杆尾部的环向钢筋上，以增强共同支护作用。超前锚杆可根据围岩具体情况，采用双层或三层超前支护。

二、管棚

管棚是利用钢管或钢插板作为纵向支撑、钢拱架作为横向环形支撑的一种复合衬砌形式。管棚结构的纵、横向整体刚度较大，能阻止和限制围岩变形，并能提前承受早期围岩压力。管棚适用于特殊困难地段，如极破碎岩体、塌方体、岩锥地段、砂土质地层、强膨胀性地层、流变性地层、裂隙发育岩体、断层破碎带、浅埋大偏压等围岩条件。上述地段宜在管内辅以灌浆效果将会更好。如遇流塑状岩体或岩溶严重流泥地段，采用管棚与围岩预注浆相结合措施也是行之有效的预支护方法。

此外，一般在无胶结的土质或砂质围岩中，可采用钢插板封闭；在地下水较多时，则可采用钢管注浆堵水和加固围岩。短管棚一次超前量较少，与开挖作业交替进行，占用循环时间较多，而钻孔安装或顶入安装短管棚则比较容易。长管棚一次超前量比较大，可减少安装钢管次数，并减少与开挖作业之间的干扰，适用于大中型机械进行大断面开挖的隧道施工。

管棚预支护结构设计要点：管棚支护结构一般按松弛荷载理论进行设计。根据围岩地质施工条件及力学计算，如需要可在钢管内灌注水泥砂浆或混凝土，也可放置钢筋笼并灌注水泥砂浆，这样可增加钢管刚度；钢管直径宜选用80～180 mm，钢管中心距离为30～50 cm，钢管长度一般为10～45 m。当采用分段连接时，可采用长4～6m钢管，并用丝扣连接，丝扣长度不小于15 cm；纵向两组管棚间应有不小于1.5 m的水平搭接长度。钢管宜采取沿隧道开挖轮廓，纵向接近水平方向设置，外插角1°～2°；钻孔孔径比钢管直径大2～3 cm，环向间距20～80 cm，钢拱架常采用工字钢拱架或钢筋格栅。

三、超前小导管注浆

超前小导管注浆施工是在工作面开挖前，先对工作面及一定长度（通常5 m）范围内的坑道喷射厚为5～10 cm的混凝土，或采用模筑混凝土封闭，然后沿开挖外轮廓线（即坑道周边）向前以一定角度打入管壁带小孔的小导管，并以一定压力（注浆压力为0.5～1.0 MPa）向管内压注起胶结作用的浆液，待浆液硬化后，坑道周围岩体便形成了具有一定厚度的加固圈。此加固层能起超前预支护作用，在其保护下即可安全地进行开挖作业。

超前小导管周壁预注浆加固的机理为：浆液被超前压注到岩体裂隙中并硬化后，将破碎岩块或颗粒胶结成整体，同时，注浆填充了裂隙，阻隔了地下水向坑道渗流的通道，起到了堵水、防水的作用。超前小导管周壁注浆适用于自稳时间很短的砂层、砂卵（砾）石层、断层破碎带、软弱围岩浅埋地段或处理塌方地段、地下水较多的软弱破碎围岩等地段。

第四节　监控量测

应用监控量测信息指导设计与施工是浅埋暗挖法施工的重要组成部分。根据监控量测的各种变量如位移、应力、应变等及时绘出动态曲线：位移-时间曲线、应力-时间曲线、应变-时间曲线，其中以横坐标为时间，纵坐标为各类变量(位移、应力、应变)。这些曲线可能形成极不规则的散点连线,如果将工序标在水平坐标上,就可以看出各工序对隧道变形的影响。这个散点图作为分析的第一手原始资料,是判断地层是否稳定的重要依据。

一、监控量测的目的

监控量测在施工中有着极其重要的作用,其目的有:

1. 保证施工安全。浅埋暗挖法施工的地铁区间隧道对周边环境会产生不同程度的影响,因此通过及时、准确的现场监测结果判定地铁隧道结构及周边环境的安全,并及时反馈指导施工,调整设计和施工参数是非常重要的,可以减小对周边环境变形的影响保证施工安全。

2. 量测施工引起的地表变形。根据地表变形的发展趋势决定是否采取保护措施,同时为确定经济合理的保护措施提供理论依据。

3. 控制各项监测指标。根据已有经验及规范要求,检查施工中各项环境控制指标是否超过规定范围,并在发生环境事故时提供有效的仲裁依据。

4. 验证和修正支护结构设计方案。地下结构施工设计中采用的设计原理与现场实测的结构受力、变形情况往往有一定差异,因此将施工中的监测信息及时反馈,对于设计方案的完善和修正有很大帮助。

5. 工程总结。地下工程施工中结构及周边环境的受力和变形资料对于设计、施工及总结经验有很大的帮助。

二、监控量测的分类

监控量测可分为必测项目和选测项目两类。监测的主要范围是;地下结构物纵向中心线两侧30 m范围内的地下、地面建(构)筑物管线、地面及道路。各项观测数据相互验证,确保监测结果的可靠性,为合理确定各项施工参数提供依据,达到反馈指导施工的目的,真正做到信息化施工。

(一)必测项目

必测项目应包括:(1)洞内外观察;(2)水平相对净空变化量测;(3)浅埋地段地表下沉量测;(4)拱顶相对下沉量测。

(二)选测项目

选测项目应包括:(1)围岩内部变形量测;(2)锚杆轴力量测;(3)围岩压力量测;(4)支护、衬砌应力量测;(5)钢架内力及所承受的荷载量测;(6)围岩弹性波速度测试。

三、监控量测方法

浅埋暗挖法施工隧道开挖后,地层中的应力扰动区延伸至地表,围岩力学形态的变化在很大程度上反映于地表沉降,且地表沉降可以反映隧道开挖过程中围岩变形的全过程。尤其是对于城市地下工程,若在其四周地表有建筑物时就必须对地表沉降情况进行严格的监测和控制,以保证施工安全。

(一)基点埋设

首先,基点应埋设在沉降影响范围以外的稳定区域内;其次,应埋设至少两个基点,以便基点互相校核;第三,基点的埋设要牢固可靠,采用标准地表桩时,必须将其埋入原状土,并做好井圈和井盖。在坚硬道面上埋设地表桩时,应凿开道面和路基,将地表桩埋入原状土,或钻孔打入1 m以上的螺纹钢筋做地表观测桩,并同时打入保护钢管套。基点应和四周水准点联测取得原始高程,基点应埋设在视野开阔的地方,以利于观测。

(二)测点布置与埋设

区间地面及道路沉降测点分别布置在地铁隧道中线上,测点间距10 m,并相隔每100 m左右设一个主观测断面。沉降测点埋设时先用冲击钻在地表钻孔,然后放入沉降测点,测点采用直径20 ~ 30 mm,长200 ~

300 mm的半圆头钢筋制成。测点四面用水泥砂浆填实，并在地表做保护井。

（三）沉降值计算

地表监测基点为标准水准点（高程已知），监测时通过测得各测点与地表监测基点的高程差ΔH，可得到各监测点标准高程H，然后与上次测得的高程进行比较，差值Δh即为该测点的沉降值。

在施工过程中，通过对四周建筑物的变形监测，随时了解施工对四周建筑物的影响程度及影响范围，便于及早发现、解决问题，将变形控制在建筑物安全警戒值内，保证四周建筑物的安全。基点的埋设与地表下沉测量方法的埋设相同，埋设时先在建筑物的基础或墙上钻孔，然后将预埋件放入，孔与测点四面空隙用水泥砂浆填实。测点基本布设在被测建筑物的角点上，测点的埋设高度应方便观测，同时测点应采取保护措施，避免在施工和使用期间受到破坏，每幢建筑物上一般布置4个观测点，重要的建筑物布置6～8个测点。沉降值计算与地表沉降计算相同。

因为建筑物的开裂、沉降和倾斜必然导致结构构件的应力调整而产生裂缝，所以裂缝开展状况的监测通常是评价开挖影响程度的重要依据之一。其可采用直接观测的方法，将裂缝进行编号并划出测读位置，通过裂缝观测仪进行裂缝宽度测读。由于裂缝数量和位置无法估计，监测数量和位置也无法确定，所以应根据施工及监测情况确定测点位置。在建筑物出现较大变形的同时密切关注是否有裂缝产生，并跟踪观测。

隧道拱顶变形的监测，应根据暗挖施工时隧道初期支护结构拱顶的变形情况，通过数据分析来总结规律，以便顺利和安全施工。可沿区间隧道纵向间距每10 m埋设一个拱顶沉降测点，材料选用ø 22 mm螺纹钢，埋设或焊接在拱顶，外露长度5 cm，外露部分应打磨光滑，以减少与尺面接触时产生不均匀误差，用红油漆标记统一编号。

隧道净空收敛监测是隧道施工中一项必不可少的监测内容。由于地下工程自身固有的错综复杂性和变异性质，传统设计方法仅凭力学分析和强度验算难以全面、适时地反映出各种情况下支护系统的受力变化情况。围岩应力及环境条件发生变化时，周边围岩及支护随之产生位移，该位移是围岩和支护力学行为变化最直接的综合反映，因此对隧道围岩进行位移观测十分重要。

四、监测数据的应用

1. 最大允许位移值的控制。最大位移值与地质条件、埋深、断面大小、开挖方法、支护类型和参数有关，在规定最大位移值时，必须考虑这些因素的影响。经验证明，拱顶下沉是控制稳定较直观和可靠的判断依据；水平收敛和地表下沉有时也是重要的判断依据。对于地铁来讲，地表下沉测量显得尤为重要。

2. 根据隧道周边位移(收敛)量测数据确定净空预留量。根据位移随时间变化测算的资料进行回归分析，推算最终位移值，以此作为净空预留量。

3. 二次衬砌施工时间的控制。按规定，二次衬砌是在初次支护变形基本稳定后施作的。基本稳定的标志是外荷载基本不再增加，位移不再变化，因此可用周边接触应力和位移值这两项指标控制。当隧道断面小于10 m^2时，周边位移率 V_n 应小于0.1 mm/d；断面大于10 m^2时，V_n 应小于0.2 mm/d或周边接触应力 V_n，应小于5.0 kPa/d。目前为方便现场掌握，多以机械量测仪器测试位移为主。当达不到基本稳定指标时，应进行补救，其措施为对初期支护进行加强，并立即进行二次衬砌施工。

4. 测试数据对设计的反馈。地质条件的复杂性使地下工程设计不得不采用信息化的设计方法，即通过施工中监测到的围岩动态信息(主要是指位移信息)，采用反分析技术，推求围岩的结构模型和力学参数，如弹性模量、内摩擦角、黏聚力、黏性系数等。再采用正分析技术，求出围岩和支护结构中新的应力场和位移场，验算和核实预设计的可靠性，并对其进行修改。

监控量测测点的初始读数，应在开挖循环节施工后24 h内，并在下一循环节施工前取得，其测点距开挖工作面不得大于2 m。

第五章　盾构法施工

第一节　盾构法的隧道衬砌

盾构施工是以盾构机作为施工机械在地下暗挖隧道的一种施工方法。盾构机是一个既可以支承地层压力又可以在地层中推进的活动钢筒结构。按盾构机横断面形状不同，可将其分为圆形、拱形、矩形、马蹄形四种。其中圆形因其抵抗地层中的土压力和水压力较好、堆砌拼装简便以及可采用通用构件易于更换，因而广泛应用于地下、水下隧道施工中。

一、盾构机概述

盾构机的全名叫盾构隧道掘进机，是一种隧道掘进的专用工程施工机械。现代盾构掘进机集光、机、电、液、传感、信息技术于一体，具有开挖切削土体、输送土渣、拼装隧道衬砌、测量导向纠偏等功能，涉及地质、土木、机械、力学、液压、电气、控制和测量等多门学科技术，而且要按照不同的地质进行设计制造，其可靠性要求极高。盾构机已广泛用于地铁、铁路、公路、市政、水电等隧道工程施工中。用盾构机进行隧道施工具有自动化程度高、节省人力、施工速度快、一次成洞、不受气候影响、开挖时可控制地面沉降、减少对地面建筑物的影响和在水下施工时不影响水面交通等特点，在隧道洞线较长、埋深较大的情况下，用盾构机施工更为经济合理。盾构机问世至今已有200年的历史，盾构法的起源可以追溯到1818年，法国工程师布鲁诺从一种食船虫在船身上打洞一事受到启发，提出了盾构施工法并获得特许，这可以说是敞胸式手掘盾构机的原型。1823～1841年，盾构法首次应用于伦敦泰晤士河下修建的隧道，这是一条全长458 m、世界上第一条盾构法施工的隧道。1887年,英国人格雷特海德在伦敦铁路隧道工程中组合使用盾构和气压施工法进行施工,奠定了现代盾构施工发展的基础。近40年来,通过对土压平衡式、泥水式盾构机中关键技术的探索和研究,使盾构机在设计、制造和使用上有了很快的发展。例如,德国的盾构机可在施工过程中在保证密封的前提以及高达0.3 MPa气压的情况下更换刀盘上的刀具,从而提高盾构机的一次掘进长度。

从世界范围内来看,盾构法隧道施工技术正在向超长距离、大直径、大埋深、复杂断面和高度自动化的方向发展,在这方面处于领先地位的是日本和欧洲。日本新建成的东京湾海底隧道盾构机直径达14.4 m,隧道埋深20 m,海底洞段长9.5 km。英法合建的英吉利海峡隧道,盾构机直径7.82 m,隧道埋深达110 m,海底段长达39 km。目前,世界最大直径盾构机为中国自主研制的"领航号",投用于江苏省崇太长江隧道建设。"领航号"盾构机刀盘直径15.4米,总重量440吨。把世界盾构法隧道施工技术推进到了一个新阶段。

(一)盾构机类型与构成

盾构机的基本工作原理就是一个圆柱体的钢组件沿隧洞轴线一边向前推进一边对土壤进行挖掘。该圆柱体组件的壳体即护盾,它对挖掘出的还未衬砌的隧洞段起着临时支撑的作用,承受周围土层的压力,有时还起着承受地下水压以及将地下水挡在外面的作用。挖掘、排土、衬砌等作业在护盾的掩护下进行。虽然盾构机成本高昂,但可将地铁暗挖功效提高8~10倍,而且在施工过程中,地面上不用大面积拆迁,不阻断交通,施工无噪声,地面不沉降,不影响居民的正常生活。下面介绍一下盾构机的类型和构成。

1.盾构机的类型

根据盾构机的工作原理、挖掘方式、横断面的形状和盾构机的功能、用途等可将盾构机进行以下分类。

(1)根据工作原理划分;手掘式盾构机、挤压式盾构机、半机械式盾构机(局部气压、全局气压)、机械式盾构机(开胸式切削盾构、气压式盾构、泥水加压盾构、土压平衡盾构、混合型盾构、异型盾构)。

(2)根据开挖方式划分:敞开式、机械切削式、网格式和挤压式等。

(3)按盾构机横断面的形状划分:半圆形、圆形、椭圆形、马蹄形、双圆塔接形(竖双圆形、横双圆形)、三圆塔接形、矩形(矩形、凸字形、凹字形)。

(4)按盾构机的功能和用途划分:直角弯隧道盾构、偏心急弯曲线盾构、大坡度盾构、地中对接盾构(CID工法、MSD工法)、侧接盾构、路线可变扭曲盾构、竖向掘削盾构(上、下掘盾构)、扩径盾构、变径盾构、大深度盾构、长距离盾构机、高速掘进盾构机。

我国的地铁施工也经历了手掘式、半机械式和机械式盾构机的发展历程。当前,手掘式、半机械式盾构机趋于淘汰,圆形截面的土压平衡盾构机使用最为广泛。

2.盾构机的构成

盾构机按整体结构从前往后依次为盾构机本体(刀盘、前盾、中盾、盾尾三部分)、连接桥架、1~5号台车。

盾构机按构造主要划分为五部分:壳体、排土系统、推进系统、衬砌拼装系统和辅助注浆系统。

(1)壳体

盾构机的通用标准外形是圆筒形,壳体由切口环、支承环和盾尾三部分组成,并与外壳钢板连成一体。

①切口环:它位于盾构机的最前端,施工时切入地层并掩护开挖作业。切口环前端设有刃口,以减少切土时对地层的扰动。切口环的长度主要决定于支撑和开挖方法、槽上机具和操作人员的工作回旋余地等。大部分手掘式盾构机切口环的顶部比底部长,犹如帽檐。有的还设有千斤顶操纵的活动前檐,以增加掩护长度。机械化盾构机的切口中容纳各种专门挖土设备。在局部气压式、泥水加压式和土压平衡式盾构机中,其切口部分的压力高于隧道内常压,故切口环与支承之间需用密闭隔板分开。

②支承环:支承环紧接于切口环后,位于盾构机中部。它是一个刚性较好的圆环结构。地层土压力、所有千斤顶的顶力以及切口、盾尾、衬砌拼装时传来的施工荷载均由支撑环承担。支承环的外沿布置盾构推

进千斤顶。大型盾构机的所有液压、动力设备、操纵控制系统、衬砌拼装机具等均设在支承环位置。中、小型盾构机则可把部分设备移到盾构机的后部车架上。当正面局部加压盾构机的切口环内压力高于常压时,支承环内要设置人工加压与减压闸室。

③盾尾:盾尾一般由盾构机外壳钢板延长构成,主要用于掩护隧道衬砌的安装工作。盾尾末端设有密封装置,以防止水、土及注浆材料从盾尾与衬砌之间进入盾构机内,盾尾密封装置损坏时应及时进行更换。盾尾长度要满足以上各项工作的进行。盾尾厚度从结构上考虑应尽可能减薄,但盾尾除承受地层土压力外,遇到隧道纠偏及弯道施工时,还有一些难以估计的施工荷载,受力情况复杂,所以其厚度应综合上述因素来确定。

(2)排土系统

排土系统由切削土体的刀盘、泥土仓、螺旋出土器、皮带传送机、泥浆运输电瓶车等部分组成。控制螺旋出土器排土的速度和盾构推进速度,可以保持开挖面土体的平衡。

(3)推进系统

推进系统是由液压设备和盾构千斤顶组成,可使盾构机在土层中向前推进的机构,主要设备是设置在盾构壳内侧环形中梁上的推进千斤顶群。

(4)衬砌拼装系统

衬砌拼装系统由举重臂和真圆保持器组成,其中举重臂(也称衬砌拼装器或机械手)是拼装系统的主要设备,常以油压系统为动力。

(5)辅助注浆系统

辅助注浆系统包括浆液搅拌机、注浆泵等设备。管片衬砌离开盾尾时,要及时压注浆液充填环形衬砌外的建筑间隙,以减少地面的沉降。

二、盾构开挖方法

常用的盾构开挖方法有敞开式开挖、机械切削式开挖、网格式开挖和挤压式开挖等多种工法。

(一)敞开式开挖

手掘式及半机械式盾构机均为敞开式开挖,这种方法适用于地质条件较好,开挖面在掘进中能维持稳定或在有辅助措施能维持稳定的情况,其开挖一般是从顶部开始逐层向下挖掘。若土层较差,还可借用千斤顶加撑板对开挖面进行临时支撑。采用敞开式开挖方法时,处理孤立障碍物、纠偏、超挖均比其他方法容易。为尽量减少对地层的扰动,要适当控制超挖量与开挖面暴露时间。

(二)机械切削式开挖

机械切削式开挖就是对与盾构机直径相仿的全断面采用旋转切削刀盘的开挖方法。根据地质条件的好坏,刀盘可分为刀架间无封板和有封板两种。刀架间无封板适用于土质较好的地质。刀盘开挖方式在弯道施工或纠偏中不如敞开式开挖,此外,清除障碍物也不如敞开式开挖。使用刀盘的盾构机构造复杂,消耗动力较大,目前国内外较先进的泥水加压盾构机和土压平衡盾构机均采用这种开挖方式。

(三)网格式开挖

采用网格式开挖的开挖面由网格梁与格板分成许多格子。开挖面的支撑力是由土的黏聚力和网格厚度范围内的阻力产生的。当盾构推进时,土体就从格子里挤出来。根据土的性质来调节网格的开孔面积。采用网格式开挖时,在所有千斤顶缩回后,会产生较大的盾构后退现象,导致地表沉降。因此,在施工时务必采取有效措施,防止盾构后退。

(四)挤压式开挖

全挤压式和局部挤压式开挖,由于不出土或仅部分出土,对地层有较大的扰动,在施工放线时,应尽量避开地面建筑物。局部挤压施工时,要精心控制出土量,以减少和控制地表沉降。全挤压式施工时,盾构把四周一定范围内的土体挤压密实。

三、盾构法的特点

（一）优点

1. 地面作业很少（除竖井外），隐蔽性好，噪声、振动对环境的影响小。

2. 隧道施工的费用和技术难度基本不受覆土深度的影响，适用于深埋隧道。

3. 穿越河底或海底时，不影响通航，也不受气候的影响。

4. 在地面建筑群和地下管线密集的区域施工时对周围环境影响较小。

5. 自动化程度高，劳动强度低，施工速度快。

（二）缺点

1. 施工设备费用高。

2. 覆土较浅时，地表沉降较难控制。

3. 施作小半径隧道时掘进比较困难。

四、盾构技术在我国的应用和发展

我国自20世纪50年代才开始采用盾构法修建隧道工程。虽然起步较晚，但由于注意参考和借鉴别国成功的经验和失败的教训，所以发展很快，特别是近20年来随着我国城市地铁建设规模的扩大，盾构技术也得到了广泛的应用和很大的提高。

1970年，上海隧道工程公司使用直径为10.2 m的挤压式盾构机修建了穿越黄浦江的第一条水下隧道，从而实现了中国用盾构法修建隧道“零”的突破。1988年完工的另一条黄浦江水下隧道——延安东路北线隧道，盾构施工段长1 476 m，线路平面呈S形，曲率半径500 m，纵坡3%。隧道除了穿越黄浦江外，还要在高层建筑群和地下管线等重要环境保护地段通过。此隧道是用我国自行设计和制造的直径为11.3 m网格式水力机械盾构机修建的。进入20世纪90年代，上海地铁1号线采用法国FCB公司设计的盾构机（其车架、拼装机、螺旋机、皮带机及搅拌机等设备在上海配套制造)，完成了总长18.5 km的单线圆形区间隧道(内径5.5 m，外径6.2 m)施工。

目前，我国地铁盾构法隧道管片环宽度已从1.0 m普遍加大到1.2 m，在广州地铁2号线率先采用了1.5 m环宽的管片，是目前地铁区间隧道所用的最宽管片，有利于提高隧道结构的整体刚度，减少拼装接缝，提高安装效率，并节约成本。接缝防水大多采用遇水膨胀橡胶或三元乙丙橡胶弹性密封防水，使隧道建成后不渗不漏，达到A级防水标准。

我国盾构施工中的地表隆沉量一般可控制在-20 ~ +10 mm以内，可以在距建构筑物很近的情况下安全掘进隧道。例如广州地铁2号线越三区间隧道穿越地面有14股的铁路轨道，要求轨面沉降控制在5 mm以内，轨道沉降差小于2 mm；再如上海地铁2号线近距离下穿地铁1号线区间隧道、引水箱涵和地下室，地面沉降控制要求在3.5 ~ 8.5 mm，利用盾构施工，沉降量控制都满足了要求。我国盾构掘进速度平均一般为180 ~ 200米/月以上，广州地铁2号线越三区间最高月进尺405 m，平均进度为236米/月。而在类似地质的广州地铁3号线大汉区间，盾构施工进度平均已达334米/月，最高月进度达到562.5 m，达到当时国际先进水平。

第二节　盾构法施工过程

盾构施工的主要工序有；盾构机的出发与到达，土体开挖与推进，衬砌拼装与防水等。其中出发和到达是盾构机掘进施工中最容易产生事故的两道工序，也是最关键的工序。

一、盾构机出发

盾构机进出洞时，均要保证不能给竖井的挡土结构背面、周围路面和埋设物等带来不良的影响。

盾构机出发是指使用安装在竖井内临时组装的管片、反力架等设备，把盾构机在座架上推进，从出发口处贯入围岩并沿着规定路线开始推进的一系列准备工作。

(一)盾构机出发的施工要点

1.盾构机的安装

所谓安装是指把盾构机组装在竖井内设置的座架上，进入设定位置，设定位置是以设计的中心位置及高度为主，进行若干修正而求出的。所谓修正，是指在软弱围岩中盾构机贯入时，考虑到盾构机下沉而需事先留出一些富余量(数厘米左右)，以便盾构准确就位。

2.反力架设备

该设备主要是以临时组装的管片和型钢为主材，为保证其能够承受必需的推力，应具有充足的强度和不发生有害变形的刚度。临时组装的管片，需要确保临时安装时的正确位置，以免给其后组装正式管片精度带来不良影响。

3.始发口

因为始发口的开口作业引起围岩坍塌的危险较大，所以，必须小范围分片拆除临时挡土墙体，在盾构机前面及时进行支护，不得疏忽大意。通常，在靠近始发口处需设置入口密封圈或浇筑洞口混凝土，以确保施工的可靠性和安全性。在设置入口密封圈时，需要充分注意其材质、形状和尺寸是否符合设计要求。

4.始发方法

盾构机始发的方法很多，根据拆除临时挡土墙方法和防止掘削面地层坍塌方法的不同，主要有掘削面自稳法、拔桩法和直接掘削井壁法等。这些方法，有单独使用的，有并用的。但不论采用哪种方法，都必须结合土质、地下水、盾构机型、覆土厚度和作业环境等来选定，同时还要考虑安全、经济和工程进度等要求。

(二)盾构机始发的工作内容及工艺流程

盾构机出发施工内容主要包括；出发端头的土体加固、安装盾构出发基座、盾构机下井安装及调试、洞口防水密封的安装、反力设施的安装、负环管片的安装、盾构机试运转、洞门破除等。

(三)盾构机始发的主要施工技术

盾构机出发施工容易发生各种事故，如出现沉降、涌水、涌泥、大面积塌陷等，发生这些事故的主要原因有：洞门土体存在无支撑或欠支撑的时间过长；洞门处地下水存在直接暴露的可能，盾尾未进入洞门不能同步注浆，洞门帘部止水效果有限。所以严格掌握盾构出发的各项施工技术是保证盾构安全出发的关键。

1. 始发端头的地层加固

盾构机始发之前，要根据洞口稳定情况评价地层，并采取相应的加固措施。常见的盾构机端头地层加固有搅拌桩、旋喷桩、水平冻结及垂直冻结、SMW(新型水泥土搅拌桩墙)工法等方法，但施工成本、施工速度及施工的安全性却各不相同。选择哪一种方法要根据地层具体情况而定，并要严格控制施工过程。

(1)加固原则

根据隧道埋深及盾构机穿越地层情况，确定加固方法和范围；充分考虑洞门破除时间和方法，确保洞门破除和盾构机进洞的安全。

(2)加固目的

消除构筑竖井时造成的周围土体的松动；防止拆除临时挡土墙时振动的影响；在盾构机贯入掘削面前能使地层自稳及防止地下水流入；降低对入口填塞物的压力；防止因掘削面压力不足引起的掘削面坍塌(特别是泥水式盾构机)；防止地表沉陷或对埋设物产生的影响。

(3)加固要求

加固土体无侧限抗压强度≥1.0 MPa；渗透系数≤1.0×10^{-8} cm/s。

2. 洞门破除

为保证开挖面稳定，洞门破除分两次进行；第一次先将围护结构主体凿除，只保留围护结构的外排钢筋和保护层；在盾构机始发前进行第二次洞门破除，将洞门剩余部分凿除，并确保洞门范围内无剩余钢筋。洞门破除按先下后上、先中间后两侧的顺序进行，切忌大面积同时破除。第二次破除需要速度快，尽量缩短洞门土体无支撑时间。

3. 洞口密封

洞口密封是对起始推进段与盾构机或管片之间的间隙采取的防渗措

施，防止地下水和背后所注砂浆外泄，确保施工可靠和安全。即在盾构机开始推进后不久，就可以对开挖面加压，盾构机尾部通过洞口之后，立即进行壁后注浆，尽早稳定洞口。

洞口密封的施工分三步：第一步是在始发井结构施工过程中，要做好预埋件的安装工作，特别注意的是预埋件必须与始发井结构钢筋连在一起，保证预埋件的锚固长度；第二步是在盾构机始发之前完成洞口密封的安装，特别要检查螺栓的紧固程度；第三步是在盾尾进入洞门后，壁后注浆开始前，在洞门密封压板上设置防翻转装置。

4.反力架和始发托架的安装

反力架（后座）设计制造必须满足以下要求：(1)要有足够的强度和刚度，保证传力的可靠性。(2)留有足够的空间，使垂直运输和水平运输方便通过，尤其要保证后续台车的通过。(3)保持盾构机推进轴线和后座壁垂直，保证盾构机推进方向的准确。(4)反力架基面要有足够的平整度，以保证管片的拼装质量。(5)反力架的结构形式要根据始发井的结构形式进行设计，要做到因地制宜。(6)反力架的结构最好做成组装的形式，便于吊运和安装。

反力架的安装时间根据始发井的大小来确定，安装好后需对反力架进行加固，保证能提供足够的反力。

盾构始发托架不仅用作安装和搁置盾构机，更重要的是通过设在托架上的导轨使盾构机进出洞时能获得正确的导向。因此盾构托架除了要满足承受盾构机自重外，还要满足盾构机在导向钢轨上移动时摩擦力引起的位移。盾构机始发之前，对始发托架两侧用H型钢进行加固。同时在盾构机推进过程中，在中盾和前盾的盾壳上加焊抗扭转牛腿。

导轨需要根据隧道的设计轴线、盾构机进洞时的施工条件等因素决定其平面位置、高程和坡度。在围护结构破除后，始发台与开挖面的空间很大，为保证盾构在始发时不至于刀盘和盾体悬空太多而产生盾构机“磕头”现象，需要将导轨接长至洞口。同时要求导轨末端留有足够的空间，以满足刃盘旋转。

5.反力架

反力架的确定主要依据洞口第一环管片的起始位置、盾构的长度、洞门的厚度以及刀盘在始发前所能到达最远的位置决定。

6. 第一环负环管片安装

在安装负环管片(盾构始发时,在始发竖井里盾构机的后端是一个反力架,盾构机向前推进时需拼装管片环并向后安装到位以给盾构机掘进提供反作用力,从反力架到始发竖井井壁之间安装的管片就是负环管片,负环管片段实际上全部在始发竖井中)前,为保证负环管片不破坏盾尾尾刷和负环管片能顺利向后推进,在盾尾内安设厚度为盾尾间隙大小的方木,以保证管片在盾构机内的位置准确。

负环管片的最终位置通过推进油缸的行程进行控制,在负环管片与钢管片之间的空隙要用钢板或铜板塞满。

7. 盾构机始发

盾构机始发采取小推力、低扭矩向前推进。刀盘进入洞门前,在刀头和铰接密封装置上涂抹油脂,以避免刀盘上刀头损害洞门密封装置。

推进过程中,跟踪加固负环管片。在负环管片脱出盾尾后,及时用钢丝拉结和木楔子等进行加固,以保证在传递推力过程中管片不会浮动和下沉变位。

8. 洞口注浆

当盾尾完全进入洞体以后,停机调整洞门密封,采用壁后注浆的方式进行洞口注浆。

(四)常见问题的预防和处理

1. 洞门失稳

破除洞门时易发生洞门失稳现象,主要表现为土体坍塌和水土流失,其根本原因就是端头加固不好所致。在小范围的情况下,可在破除洞门混凝土的同时喷射混凝土对土体临空面进行封闭。当坍塌失稳情况严重时,只有封闭洞门,重新加固。

2. 密封效果不好

洞门密封效果不好,会造成土体流失,其主要原因也是端头加固不好和洞门密封安装精度不高所致。在始发过程中发现洞门密封效果不好时,及时通过调整配合比,使注浆后能及早封闭,也可以采用在洞门密封外侧向洞门内部注入快凝的双液浆来解决。

3. 地面沉降较大

由于始发的特殊性，往往导致始发阶段的地面沉降量较大。因此在始发阶段应尽快地建立土压平衡模式，并密切注意出土量及土压力情况，同时加大监测频率，控制地面沉降。必要时，通过事先向土仓内灌土，提前建立土压平衡。

4. 始发后盾构机“磕头”

始发推进过程，在盾构刀盘到达掌子面及脱离加固区时，容易出现盾构机“磕头”现象，根据地质条件的不同，有可能出现超限的情况。为此，通常采用抬高盾构机的始发姿态、合理安装始发导轨以及快速通过的办法尽量避免“磕头”或减小“磕头”的影响。例如广州地铁3号线在客大盾构区间始发时，根据现场的洞门距掌子面长的特点，在洞内底部按盾构机的弧面浇注了素混凝土导台，从而避免了“磕头”现象的出现。

5. 支撑系统失稳

反力架、托架、负环管片等支撑系统，在某些情况下会由于盾构机推进的瞬时推力或扭矩较大而产生失稳，这样将导致整个始发工作失败。对于支撑系统失稳只能从预防角度进行，同时在始发阶段对支撑系统加强监测。

6. 盾尾失圆

由于受盾尾钢板的厚度较薄、始发阶段的约束力小、盾构自重和吊装的影响，盾尾一般会出现失圆，从而引起漏浆、损坏尾刷、轴线偏位等现象。可以采用整圆器进行整圆，必要时在拼装管片前人工对盾尾进行校正。

二、盾构机到达

到达是指盾构机推进到前方事先准备的竖井壁面（亦称到达面），然后把盾构机拉到竖井内。

（一）盾构机到达前的准备工作

在盾构机到达前必须对到达竖井洞口段预先加固，其方法有：注浆加固、深层搅拌桩、旋喷桩等化学加固方法，还有井点降水疏干土体、冻结等物理加固方法。

为确保顺利到达，还应认真研究确定：到达部分附近的地层是否需要预加固及设置出口密封圈；盾构机位置测量方法和隧道内外的联络方法；减慢推进速度，采用微速推进的开始位置；采用泥水加压式盾构时泥水减压的开始位置；竖井到达面的开挖方法及其开始时间；防止从盾构机主体和到达面的空隙土和砂流入或涌入的对策；到达部分附近的壁后注浆方法；到达竖井内的盾构机承台等临时设备。

盾构机进出竖井前后50 m是盾构法施工最困难的地段之一，经常因为地层处理不当引起洞口周围大面积土体的塌陷。在软黏土地质条件下，如果洞口封门材料强度低，抗渗透能力差，则不能起到挡土止水及保证井内工作空间的效果。相反，如果封门材料太硬，洞周土体加固强度过高，又会造成盾构刀盘切削困难。盾构进出竖井必须解决以下几个问题：封门材料选择和制作，洞周土体的滑移和沉陷，盾构机水平和竖直方向的偏移。

同济大学地下工程系和上海市基础工程公司试验研究用膨胀珍珠岩、砂和水泥制作封门填充材料，成功用于上海闸北电厂引水隧道东区水井盾构封门，该封门既能抵抗较大的侧向水土压力，又便于盾构机刀盘切削。上海延安东路南线2号井采用C10级素混凝土作为封门材料，泥水盾构机刀盘可以直接切削素混凝土进入检修井，代替了传统方法（人工凿除地下连续墙或低药量密孔松动爆破），节约了拆除封门钢筋混凝土结构的劳动力，使盾构机直接进入土体，从而加快了施工进度。

（二）盾构机到达的方法

盾构机到达方法有两种：一种是盾构机到达后拆除到达竖井的挡土墙再推进；另一种是事先拆除挡土墙，再推进到指定位置。

1. 盾构机到达后拆除挡土墙再推进方法

该方法是将盾构机推进到达竖井的挡土墙外，利用地层加固使地层自稳，同时拆除挡土墙，再将盾构机推进到指定位置。

该方法拆除挡土墙时，盾构机刀盘与到达竖井间的间隙小，故自稳性强。但由于工序少,便于施工,而被广泛用于地层稳定性好的中小断面盾构工程。

2.盾构机到达前拆除挡土墙再推进方法

该方法事先要拆除挡土墙,所以要在拆除前进行高强度的地层加固,在井内构筑易拆除的钢制隔墙,然后从下至上拆除挡土墙,用水泥土或贫配比砂浆顺次充填地层及加固体与隔墙间的空隙。待完成换填水泥土或配比砂浆后,将盾构机推进到隔墙前,拆除隔墙,完成到达。因为不让盾构机继续推进,所以有防止地层坍塌之效果,洞体防渗性能也很强。但地层加固的规模增大,而且必须设置隔墙,故扩大了到达准备作业的规模。这种方法多在大断面盾构工程中使用。

(三)盾构机到达的工作内容

工作内容包括:盾构机定位及接收洞门位置复核测量、地层加固、洞门处理、安装洞门圈密封设备、安装接收基座等。

1.盾构机定位及接收洞门位置复核测量

在盾构机推进至盾构到达范围时,对盾构机的位置进行准确的测量,明确成洞隧道中心轴线与隧道设计中心轴线的关系,同时应对接收洞门位置进行复核测量,确定盾构机的贯通姿态及掘进纠偏计划。在考虑盾构机的贯通姿态时注意两点:一是盾构机贯通时的中心轴线与隧道设计轴线的偏差,二是接收洞门位置的偏差。综合这些因素在隧道设计中心轴线的基础上进行适当调整。纠偏要逐步完成,每一环纠偏量不能过大。

2.出洞段的土体加固

到达前一个月进行端头加固,常用的加固方法有高压喷射注浆法、深层搅拌法、冻结法和素混凝土灌注桩法。根据地质情况选择合适的加固方法,并检查加固效果是否满足盾构机到达掘进要求。

3.洞门破除

在盾构机距离端头墙前一星期时,对洞门进行第一次破除,先将围护结构的主体凿除,只保留围护结构的外排钢筋和保护层。待盾构机进入加固范围时快速将洞门围护结构剩余部分破除,确保钢筋割除干净。

4.安装洞口密封圈

洞口密封圈由止水垫圈、防止垫圈翻转的压板及固定它们的铁件构成,在修筑混凝土洞口时密封圈被固定在混凝土洞口上。

5.安装接收基座

接收基座的中心轴线应与隧道设计轴线一致,同时还需要兼顾盾构机出洞姿态,接收基座的轨面标高除了适应线路情况外,还要适当降低20 mm,以便盾构机顺利驶上托架。为保证盾构机刀盘贯通后拼装管片有足够的反力,将接收基座以盾构机出洞方向5%的坡度进行安装。特别注意对接收基座的加固,尤其是纵向的加固,保证盾构机能顺利到达接收基座上。

(四)盾构机到达施工

盾构机到达施工是指从盾构机距离接收井(或矿山法隧道扩大段)之前50 m(称为到达段)时,到盾构机贯通区间隧道进入接收井被推上盾构机接收基座的整个施工过程。施工时应注意下面几点:(1)根据盾构机的贯通姿态及掘进纠偏计划进行推进,纠偏要逐步完成,每一环纠偏量不能过大。(2)在盾构机距离端头墙50 m时,选择合理的掘进参数,逐渐放慢掘进速度,控制在20 mm/min以下,推力逐渐降低,缓慢均匀地切削洞口土体,以确保到达端墙的稳定和防止地层坍塌。(3)盾构机进入到达段后,加强地表沉降监测,及时反馈信息以指导盾构机掘进。(4)盾构机刀盘距离贯通还剩10 m时,在掘进过程中,专人负责观测出洞洞口的变化情况,始终保持与盾构机司机联系,及时调整掘进参数。(5)在拼装的管片进入加固范围后,浆液改为快硬性浆液,提前在加固范围内将泥水堵住在加固区外。(6)当最后一环管片拼装完成后,通过管片的二次注浆孔,注入双液浆进行封堵,注浆的过程中要密切关注洞门的情况,一旦发现有漏浆的现象立即停止注浆并进行处理。(7)当盾构前盾被推出洞门时,通过压板卡环上的钢丝绳调整折叶压板,使其尽量压紧帘布橡胶板,以防止洞门泥土及浆液漏出。在管片拖出盾尾时再次拉紧钢丝绳,使压板能压紧橡胶帘布,让帘布一直发挥密封作用。(8)由于盾构机到站时推力较小,导致洞门附近管片环与环之间连接不够紧密,因此做好后

20环管片的螺栓紧固和复紧工作。并用槽钢沿隧道纵向拉紧后20环管片,使后20环管片连成整体,防止管片松弛而影响密封防水效果。

(五)常见问题的预防和处理

1.洞门失稳

破洞门时易发生洞门失稳现象,主要表现为土体坍塌和水土流失,其根本原因就是端头加固不好所致。在小范围的情况下,可在破除洞门的同时,喷射混凝土对土体临空面进行封闭。当坍塌失稳情况严重时,只有封闭洞门,重新加固。

2.密封效果不好

洞门密封效果不好,会造成土体流失,其主要原因也是端头加固不好和洞门密封安装精度不高所致。在到达过程中发现洞门密封效果不好时,及时通过调整配合比,使注浆后及早封闭,同时调整紧固钢丝绳,使帘布紧贴管片。也可以采用在洞门密封外侧向洞门内部注入快凝双液浆的办法来解决。

3.地面沉降较大

由于到达的特殊性,土压力太大容易造成前方洞门坍塌,太小容易引起沉降量增大。到达阶段应加大监测频率,并密切注意出土量及土压力情况,控制地面沉降。

4.洞门附近管片松弛

由于盾构机到达时盾构机的推力较小,洞门附近管片环与环之间连接不紧密,容易引起管片松弛,可以采用多次紧固螺栓和用槽钢纵向将管片连接成整体来预防。

三、土体开挖与推进

盾构法施工的出发和到达固然重要,但所需时间相对于整个区间施工来说还是较短的,工程量也是较少的。而整个区间土体开挖与盾构机的推进才是工程的主体,所需要的时间也是较长的,在施工中应重点注意以下几个问题。

(一)千斤顶的配置

盾构机是在千斤顶的推力作用下前进的,因此要正确选择推进千斤顶及其数量,以确保所需的推力。合理地使用盾构千斤顶,对正确地沿预定的线路进行推进是至关重要的。推进方向是由施加的推力、千斤顶的位置来决定的,必须事先考虑曲线、坡度等来选择千斤顶的个数和位置。有时在曲线、坡道、蛇形修正等场所,只用单侧的千斤顶推进。

1.盾构千斤顶的选择和配置

盾构千斤顶的选择和配置应根据盾构的灵活性、管片的构造、拼装衬砌的作业条件等来决定。选定盾构千斤顶必须注意以下事项:(1)采用高液压系统,使千斤顶机构紧凑。目前使用的液态系统压力值为30 ~ 40 MPa。(2)千斤顶的重量要尽可能小,且经久耐用易于维修、保养和更换。(3)千斤顶要均匀地配置在靠近盾构外壳处,使管片受力均匀。(4)千斤顶应与盾构轴线平行。

2.千斤顶数量

千斤顶的数量要根据盾构直径、千斤顶推力、管片的结构、隧道轴线的情况综合考虑。一般情况下,中小型盾构每只千斤顶的推力为600 ~ 1 500 kN,在大型盾构中每只千斤顶的推力多为2 000~4 000 kN。

3.千斤顶的行程

盾构千斤顶的行程应考虑到盾尾管片的拼装及曲线施工等因素,通常取管片宽度加上100 ~ 200 mm的余格量。

另外,成环管片总有一块封顶块存在,若采用纵向全插入封顶成环时,在相应的封顶块位置应布置数只双节千斤顶,其行程大致是其他千斤顶的一倍,以满足拼装成环需要。

4.千斤顶的速度

盾构千斤顶的速度必须根据地质条件和盾构形式来决定,一般取50 mm/min左右,且可无级调速。为了提高工作效率,千斤顶的回收速度要求越快越好。

5.千斤顶块

盾构千斤顶活塞的前端必须安装顶块,顶块必须采用球面接头,以便将推力均匀分布在管片的环面。其次,根据管片材质的不同,还必须在顶块与管片的接触面上安装橡胶或其他柔性材料的垫板，对管片面起到保护作用。

盾构机推进时所需的推力会由于围岩条件（粒度组成、围岩强度、密实度、地下水压等）、盾构形式、超挖量、有无蛇行修正、隧道曲率半径、坡度等情况而有所不同。以不对管片产生不良影响为基础，注意始终使用适当的推力。

（二）不得破坏开挖面的稳定

闭胸式盾构机因同时进行开挖和推进，所以要确保开挖面的稳定，避免发生过量取土和压力舱内堵塞。敞胸式盾构机要根据围岩的情况，开挖后立即推进或开挖同时推进，以免开挖面发生破坏。管片组装完成后，要尽快地进行开挖、推进，而且要尽量减少开挖面的暴露时间。对于土压平衡盾构机要实现开挖面的稳定，可以通过两条途径：控制土舱压力与开挖面地层压力的差值；控制排土量。土压平衡盾构机是借助土舱压力来平衡工作面的水土压力，以减少推进对地层的扰动。工程实践表明，这是一个动态平衡状态，由于推进速度和排土量的变化，土舱压力也会在地层侧压力值附近波动。因此，应特别注意调整推进速度和排土量，使压力波动控制在最小幅度，始终保持在：

$$P = P_z + P_w \leqslant P_i \tag{5-1}$$

式中：P——土舱压力，kPa；

P_z——侧向土压力，kPa；

P_w——侧向水压力，kPa；

P_i——密封舱压力，kPa。

由于超挖使土舱压力减少到地层主动土压力，欠挖使土舱压力增大到地层被动土压力时，土体均可产生塑性滑移和失稳，气压盾构机、泥水盾构机和早期开敞胸板的网格盾构机在施工中也有类似的情况。实践证明，当满足 $P_i \geqslant (1.15 \sim 1.20)(P_z+P_w)$ 时，地表变形比较小。盾构机未到达时，地表略有 3 ~ 5 mm 隆起，随后为沉降所抵消。

土压平衡盾构机推进中的主要控制参数有：刀盘和密封舱的压力、排土量和推进速度、螺旋出土器转速、千斤顶总顶力和分区千斤顶顶力、注浆压力和时间、注浆量和注浆方式、浆液性能、盾构机的坡度和姿态、管片拼装偏差等。当然，这些施工参数与隧道所处区域的水文地质条件和隧道埋深相关。在盾构机推进洞内 50～100 m 范围内，结合地表沉降、土体的水平垂直变形、孔隙水压力、比贯入阻力、标贯指数等参数的量测数据，对盾构机推进的施工参数进行优化选择和实验。其目的在于使盾构机达到最佳的推进状态，即对周围地层及地表面扰动小，地层强度、超孔隙水压力变化小，盾构机推进速度快，轴线控制和管片拼装质量好。

（三）不能损坏管片等后方结构物

推进时最好在考虑了管片强度的基础上，尽量减小每台千斤顶推力。为了减小每台千斤顶推力，尽量使用更多的千斤顶来产生所需的推力。在曲线部分、坡度变化部分、蛇行修正部分等不得不使用部分千斤顶时，也要注意尽量使用多个千斤顶。

当要采用的推力可能损伤管片等后方结构物时，必须对管片进行加固。不得已时，闭胸式盾构机可使用全面外扩式或部分外扩式超挖刀进行超挖；而敞胸式盾构机在确保开挖面稳定的基础上进行超前开挖。

（四）尽量防止横向、纵向和转动偏差的发生

在盾构机推进时，要正确掌握盾构机的位置和方向，同时，使推力作用在适当的位置。当盾构机通过曲线部分、坡度变化部分或进行蛇行修正时，可使用部分千斤顶。为使盾构机中心线和管片面尽量正交，在推进时可采用锥形管片或者锥形管片环。

盾构机的横向偏差、纵向偏差和转动偏差，往往是由于围岩阻力、千斤顶操作误差、盾构机的结构特性、土质变化、管片刚度和测量误差等综合因素引起的。要根据测量取得的数据提前进行修正。

由于软弱地基或管片的结构等原因，使盾构机发生前端低头时，对闭胸式盾构机来说，一般是对下侧的千斤顶加朝上的力矩向前推进；而对于敞胸式盾构机来说，一般采用在盾构机前端底部浇注混凝土或进行化学加固等方法进行地基改良，或在盾构机前面底部加上抗力板等方法来推进。

另外，敞胸式盾构机在方向急剧变化时，对于可进行超前开挖的土质，有时也采用先进行超前开挖再进行推进的方法。对长径比大的盾构机，因为难以弯曲，可借用反力板辅助转向。蛇行修正最好尽早进行，趁蛇行量小时进行修正，急剧的方向修正往往会增加相反一侧的蛇行量，造成在盾尾内管片组装的困难，最好考虑在较长的区间内逐渐地进行修正。在推进过程中，土质突变经常是导致蛇行运动的原因，故对土质的变化要予以关注。

横向、纵向和转动偏差要用测锤、倾斜仪、回转罗盘、经纬仪等来检测并适当选定千斤顶来进行修正。对于闭胸式盾构机，转动偏差多通过改变刀盘的旋转方向，施加反向的旋转力矩进行修正，转动偏差的发生会引起施工效率的下降。

四、衬砌拼装与防水

软土层盾构法施工的隧道，衬砌多数都采用预制衬砌管片拼装而成，很少采用复合式衬砌或挤压混凝土整体式衬砌。

预制拼装衬砌通常由称作“管片”的多块弧形预制构件拼装而成。为了闭合拼装方便，通常将管片分成A、B和K三种类型，而K形管片又有半径方向插入与纵向插入之分。衬砌环的拼装程序有“先纵后环”和“先环后纵”两种。先环后纵法是拼装前缩回所有千斤顶，将管片先拼装成圆环，然后用千斤顶使拼好的圆环沿纵向与已安装好的衬砌靠拢联结成洞。此法拼装的特点是环面平整纵缝质量好，但可能形成盾构机后退。先纵后环因拼装时只缩回该管片部分的千斤顶，其他千斤顶则轴对称地支撑或升压，所以可有效地防止盾构机后退。

管片拼装是盾构法施工的一个重要工序，整个工序由盾构司机、管片拼装机操作工和拼装工三个特殊工种配合完成。在整个施工过程中必须由专人负责指挥，拼装前应全面检查拼装机械、工具和索具。施工前应根据所用管片形式和特点，详细向施工人员做技术和安全交底。衬砌拼装系统最常用的是杠杆式拼装器，它由举重臂和驱动部分组成。举重臂采用杠杆作用原理，一端为卡钳装置，另一端为可调节的平衡锤。举重臂的功能是夹住管片或衬砌构件，将其送到需要安装的位置。驱动部分由液压系统及千斤顶组成,采用手动操纵阀能驱动举重臂作平面旋转与径向移动。举重臂多数安装在盾构机支承环上,也有与盾构机脱离安装在车架上的。

(一)准备工作

在衬砌管片拼装前必须做好下述准备工作:

1. 盾构推进油缸顶块与前一环管片环面必须有足够的空间可使封顶块插入成环;检查管片与盾尾间隙,结合上一环状态,决定本环拼装时的纠偏量及纠偏措施。盾构纵坡和拼装机在平面、高程的偏离值,决定了管片拼装位置和调整的纠偏值。

2. 清除上一环环面和盾尾内杂物,检查上一环环面防水密封条是否完好,如有损坏应及时修补;发现环面质量问题,应在下一环管片拼装时,进行纠正。

3. 按有关盾构设备操作要求,全面检查拼装机的动力及液压设备是否正常,举重臂是否灵活与安全可靠。

4. 管片在地面上按拼装顺序排列堆放,粘贴好防水密封条等防水材料。准备管片连接件和配件、防水垫圈等,并随第一块管片运至工作面。

(二)拼装作业

管片拼装时,一般应先拼装底部管片,然后自下而上左右交叉拼装其他管片,每环相邻管片应均匀拼装并控制环面平整度和封口尺寸,最后插入封顶块成环。

管片拼装成环时,应逐片初步拧紧连接螺栓,脱出盾尾后再次拧紧。当盾构掘进至下一环衬砌时,在环管片拼装之前,应对相邻已成环的(3环范围内的)管片连接螺栓进行全面检查并再次紧固。逐块拼装管片时,应注意确保相邻两管片接头的环面平整、内弧面平整、纵缝密贴。

封顶块插入前,检查已拼管片的开口尺寸,要求略大于封顶块尺寸。拼装机把封顶块送到位,伸出相应的千斤顶将封顶顶块管片插入成环,对圆环进行校正,并全面检查所有纵向螺栓。封顶成环后进行测量,并按测得的数据对圆环进行校正,然后再次测量并做好记录。最后拧紧所有纵向和环向螺栓。

按各块管片位置，缩回相应位置的千斤顶，形成拼装空间使管片到位，然后伸出推进千斤顶完成管片的拼装作业。盾构司机在反复伸缩推进油缸时必须做到保持盾构机不后退、不变坡、不变向，同时应与拼装操作人员密切配合。

（三）防水

在含水土层中采用盾构法施工时，其钢筋混凝土管片除应满足强度要求外，还应解决防水问题。管片拼接缝是防水的关键部位，目前多采用纵缝、环缝设防水密封垫的方式。防水材料应具备抗老化性能，在承受各种外力而产生往复变形的情况下，应有良好的黏着力、弹性复原力和防水性能。特种合成橡胶比较理想，实际应用也较多。

衬砌完成后，盾尾与衬砌间的建筑空隙需及时充填，通常采用壁后压浆，以防止地表沉降，改善衬砌受力状态，提高防水能力。

第三节　泥水加压盾构机与土压平衡盾构机

盾构机类型有多种，但现在我国最常用的是泥水加压盾构机与土压平衡盾构机，本节着重介绍这两种机型的结构和施工。

一、泥水加压盾构机

泥水加压盾构机由盾壳、开挖机构、推进机构、送排泥浆机构、拼装机构、附属机构等部分组成。

泥水加压盾构机的操作原理是：在开启刀盘转动的同时，向开挖面送入泥水，使泥水和被切削的土混合，形成高浓度泥水，以平衡开挖面的压力。此后，根据开挖面的土压，控制泥水室中排出去的泥浆量和泥浆浓度。当盾构机向前推进到一个衬砌环宽度后，跟进拼装管片，然后进入下一施工循环。

(一)盾壳

泥水加压盾构机的壳体同样由切口环、支承环和盾尾三部分组成，其切口环为平直式，环口呈内锥形切口。盾尾密封装置为多级密封构造。

(二)开挖机构

开挖机构由切削刀盘、泥水室、泥水搅拌装置、刀盘支承密封系统、刀盘驱动系统等部分组成。

1.切削刀盘

切削刀盘包括刀盘、主(副)刀槽、主(副)刀梁、切削刀头和转鼓。刀盘盘面有呈放射状的主、副刀槽，刀盘背面焊有加劲肋和环形座，环形座将刀盘和刀梁连接成一体。刀槽开口大小与主、副刀槽的个数取决于土质、地下水量、开挖速度、砾石大小等因素。刀梁有主、副刀梁，均在刀槽的中间，断面呈箱形，是开挖机构中的传力与承力结构。刀梁上固定着刀头，刀头分切削刀、超挖刀、保护刀等，其中最多的是切削刀，呈环状或螺旋状。转鼓呈阶梯形环状结构，前端有凸台，通过凸台与切削刀盘上的环形座相连接。转鼓的后端连接有环状接盘，接盘上有内、外齿圈，供马达驱动刀盘做正、逆转动。

2.泥水室

泥水室由切削刀盘、切口环锥形切口、固定鼓、支承密封结构、转鼓、圆形隔板围成的区域等构成。在泥水室的上部有压力泥水的进入口，下部有搅拌器和泥浆排出口。泥水室和开挖面之间只有刀槽，刀盘与切口环端部接缝处是相通的，其余为完全封闭状态。

3.刀盘支承系统

刀盘的支承方式必须符合开挖面直径、土质条件、排土机构等要求，通常有中心支承式、中间支承式和周边支承式三种。

泥水加压盾构机刀盘支承系统的结构随刀盘支承形式不同而异。周边支承式的结构由固定鼓、转鼓、复合式或多层式密封环、径向和轴向轴承等组成。

大型泥水加压盾构机的刀盘支承系统常用周边支承式，具有作业空间大,受力较好等特点。中小型泥水加压盾构机的刀盘多用中心支承式。

(三)推进机构、拼装机构和真圆保持器

泥水加压盾构机的推进机构、拼装机构、真圆保持器基本上同手工挖掘式盾构机,仅结构尺寸、数量、行程、功率不同而已。

(四)送排泥机构

送排泥机构由送泥水管、排泥浆管、闸门、碎石机、泥浆泵、驱动机构、流量监控机构等组成。该机构大部分设备都安装在盾构机后端的后续台车上。

(五)附属机构

泥水加压盾构机的附属机构由操作控制设备、动力变电设备、后续台车设备、泥水处理设备等组成。

1.操作控制设备

操作控制设备有;开挖面状态监控设备、盾构机位置与状态的监测控制设备、泥浆输送与排出的控制设备等。

开挖面状态监控设备主要有;超声检查仪和压力、流量测量装置。前者用来监测盾构机拱部的塌陷量,后者测量切削量即排出泥渣量。拱顶的坍塌情况也可用刀盘上伸出的探针来测量。

盾构机位置与状态检测和控制设备有:速率积分陀螺仪或激光测量装置和加速度计。前者用来检查盾构机本身的方位角,后者用来检查盾构机的俯仰与旋转角。

土渣和泥浆的输送与排出,通常采用测量泥浆浓度与流量的办法进行控制,或者用差压式密度计来进行测量。

上述监控设备测得的数据可直接输入电子计算机进行综合处理,实现了自动调节控制。

2.后续台车设备

后续台车设备有以下几组平板车:动力组台车、自动闸门台车、碎石

机台车、差压式密度计台车、注浆设备台车、送排泥浆泵台车等。上述这些后续台车是与盾构机连接在一起的。

3.泥水处理设备

泥水处理设备由泥浆制备与泥水分离两部分组成,设备的规模大小,取决于开挖速度与土质等条件。

(六)工作过程

泥水加压盾构机施工过程为:

1.开启刀盘驱动液压马达,驱动转鼓并带动切削刀盘转动。

2.开启送泥泵,将一定浓度的泥浆经送泥浆管压入泥水室中。

3.开启盾构千斤顶,使盾构机向前推进。此时切削刀盘上的切削刀便切入土层,切下的土渣与地下水顺着刀槽流入泥水室中,土渣经刀盘与搅拌器的搅拌而成为浓度更大的泥浆。随着盾构机不断地推进,土渣量不断地增加,泥水不断地注入,泥水室内的泥浆压力逐渐增大,当泥水室的泥浆压力足以抵抗开挖面的土压力与地下水压力时,开挖面就能保持相对的稳定而不致塌陷。只要控制进入泥水室的泥水量和土渣量与从泥水室中排出去的泥浆量相对平衡,开挖工作就能顺利进行。

4.当盾构机向前推进到一个衬砌环宽度后,即可进行拼装衬砌。然后将缩回的千斤顶继续伸出,重新推进,进行下一道工序。

5.从泥水室排出的浓泥浆经排泥管、碎石机及排泥泵运至地面泥水处理设备处进行泥水分离处理,被分离出的渣土运至弃渣场,处理后的泥水再送入泥水室继续使用。

(七)特点

1.优点

包括:①它能获得其他类型盾构机难以达到的较小的地表沉陷与隆起。②由于开挖面泥浆的作用,刀具和切削刀盘的使用寿命也会相应地增长。③盾构机土渣的排出方式为泥浆输送管道,较其他排渣设备结构简单方便。④泥水加压盾构机的操作控制亦比较容易,可实现远距离的遥控操作与控制。⑤由于泥水加压盾构机的排渣过程始终在密闭状态下进行,故施工现场与沿途隧道十分干净,而且不受土渣污染。

2. 缺点

包括:①由于切削刀盘和泥水室泥浆的阻隔,不能直接观察到开挖面的工作情况,对开挖面的处理和故障的排除都十分困难。②泥水加压盾构机必须有泥水分离设备配套才能使用,而泥水分离设备结构复杂,规模较大,尤其在黏土层中进行开挖时,泥水分离更加困难。庞大的泥水处理设备占地面积亦较大,难以用于市内建筑物稠密区。③泥水加压盾构机在目前各类盾构机中是最为复杂的,也是价格最贵的。

(八)适用范围

泥水加压盾构机适用范围较大,多用于含水率较高的砂质、砂砾石以及江河、海底等特殊超软弱地层中。

(九)注意事项

1. 刀盘槽口

从掘削土砂易于取出的角度考虑,槽口开大为好。从掘削面稳定的角度考虑,槽口以小为好。槽口的宽度因土质的不同而异。

2. 刀具

选用$E_3 \sim E_5$合金钢刀具,粉砂、砂层情形下,刀具刃尖角要小;砾石层情形下,刀具刃尖角要大。耐磨措施有:增加刀具的排数、刀具分两层、设先行刀具、刀具背面实施耐磨措施(埋入刀具和硬化加厚基材);设刀具磨耗检测器。

3. 防止舱内黏土固结的措施

对易固结的土质而言,易使刀盘槽口、刀盘中央、舱的弯角等部位出现泥水滞留及沉积粘贴。预防措施如下:①把舱内弯角等部位设计成砂易流动的形式。②设置喷管冲洗、去除沉积。③在易沉积的部位安装超高分子聚乙烯板以减小黏附力。④舱内设置搅拌棒。⑤盾构机连续运转。⑥向泥水中或直接向舱内投放界面活性剂。

4. 设置机内注入管

从机内向舱内和外壳板外侧设置多条45 cm的注入管,以备下列场合应急：①向掘削面和外围地层注浆；②向盾构机外侧注入润滑剂降低推进阻力；③替代舱内喷射管。

二、土压平衡盾构机

土压平衡盾构机的工作原理是：利用安装在盾构机最前面的全断面切削刀盘，将正面切削下来的土送进刀盘后面的密封舱内，并使舱内具有适当压力，与开挖面水土压力平衡，以减少盾构推进对地层土体的扰动，从而控制地表沉降或隆起。在出土时由安装在密封舱下部的螺旋运输机向排土口连续地将土渣排出。土压平衡盾构机在结构和原理上与泥水加压盾构机有很多相似之处。此不予赘述。

（一）土压平衡盾构机的类型

1.削土密闭型

又称压力保持型和密闭加压型，是土压平衡盾构机的基本形式，适用于松软黏性土。盾构掘进时，由刀盘切下的泥土进入泥土室，再通过螺旋输送机向后面排送。由于泥土经过刀盘切削和扰动后，会增加泥土的塑流性，因此即使黏结性较大的泥土，在受到刀盘旋转切削和螺旋输送机传送后，也会变得更为松软，与原状土相比具有较大的流动性，因而能较好地充满泥土室和螺旋输送机的全部空间，使泥土室内压力传递均匀，开挖面得到稳定的支护。

2.加泥型

当盾构穿越的土层含砂量超过一定限度时，由于土砂摩擦角大，流动性差，单靠刀盘旋转搅动很难使土砂达到足够的塑流状态，一旦在泥土室内充得过满，就会压密固结，致使排土阻力过大而无法进行排土，对开挖面的土压也就无法进行平衡，从而引起开挖面土层崩塌。遇到这种情况，就必须向盾构刀盘面上、泥土室以及螺旋输送机壳体内注入特殊黏土泥浆材料，再通过刀盘搅拌翼的作用，使黏土材料与开挖的土砂混合，而将泥土室内的土砂转变为具有流动性好和不透水的泥土，能及时充满泥土室和螺旋输送机的全部空间，并能顺利地由螺旋输送机排出。

一般说来，通过注入黏土泥浆材料和强力搅拌，无疑能将各种土质改良成符合土压平衡盾构机工作所需的泥土，因此，这种盾构机理论上能适应各种软土地基的隧道施工。

但是另一方面，注入的黏土泥浆浓度、黏性愈高，往往又难以进行均匀的搅拌，因而也大大地增加了机械负荷，甚至使机械运转发生困难。为此，近来又开发了一种特殊泡沫材料，这种材料具有比重小、搅拌负荷轻并能把泥沙搅拌得更均匀的性能，进一步提高了泥土的流动性和不透水性，从而更进一步拓宽了加泥型盾构机的适用范围。

3.加水型

在砂层、砂砾层等透水性大的地层中，还可以采用加水式土压平衡盾构施工。这种盾构机是在基本型土压平衡盾构机基础上，在螺旋输送机的排土口安装一只排土调整箱，在调整箱中注入压力水，使其与开挖面土层地下水压保持平衡，将进入排土调整箱中的土砂与压力水搅拌混合后形成泥浆，再通过管道输送排出坑外。

由于砂层、砂砾层渗水性大，必须对开挖面土压和水压分别采用平衡措施。采用土压平衡盾构机时，施工中开挖面的土压与泥土室压相平衡，而地下水压则与注入的水压相平衡，这样就可以取得对开挖面较好的平衡效果。同时土砂颗粒之间的空隙也被压力水充填，使土砂颗粒之间的应力得到相应的减少，从而增加了泥土室内土砂的流动性，使泥土能及时充满泥土室和螺旋输送机的全部空间，对开挖面起到一定的支护作用，使排土更为流畅。

与泥水平衡盾构机相比，土压平衡盾构机加入的压力水主要是清水，无黏粒材料，故无需对注入压力水进行浓度控制，而且对排出的泥水分离处理工艺和设备也大为简化。

（二）土压平衡盾构机的构造

土压平衡盾构机主要由盾壳、开挖机构、推进机构、拼装机构、真圆保持器、排土机构和附属机构等部分组成。

1.盾壳

与泥水加压盾构机的盾壳结构相同。

2. 开挖机构

开挖机构由切削刀盘、泥土仓、切削刀盘支承系统、切削刀盘驱动系统等部分组成。除泥土仓不同于泥水室外，其余基本上与泥水加压盾构机相同。

土压平衡盾构机的泥土仓是由刀盘、转鼓、中间隔板所围成的空间。转鼓呈内锥形，前端与切削刀盘外缘连成一体，后端与中间隔板相配合。泥土仓与开挖面之间的唯一通道是刀槽，其余处于完全封闭状态。

土压平衡盾构机的刀盘支承系统一般为混合支承式，既有周边支承，也有中心支承。混合支承式是大型土压平衡盾构机常用的刀盘支承形式。

3. 推进机构、拼装机构和真圆保持器

土压平衡盾构机的推进机构、拼装机构及真圆保持器与手工挖掘式盾构机的相同。

4. 排土机构

土压平衡盾构机的排土机构由大螺旋输送机、小螺旋输送机、排土闸门、闸门滑阀、驱动马达等组成。排土闸门是土压平衡盾构机的关键部位，常用的排土闸门形式有活瓣式、回转叶轮式和闸门式。

5. 附属机构

土压平衡盾构机的附属机构由操作控制设备，动力变电设备、后续台车设备等组成。在操作控制设备中，重点是对土压的管理。土压管理主要是通过电子计算机将安装于盾构机有关重要部位的土压计信号收集并综合处理，进行自动调节控制；或者发出信号，输出有关数据以便进行人工调节控制。

（三）土压平衡盾构机的工作过程

1. 开启液压马达，驱动转鼓带动切削刀盘旋转，同时开启盾构千斤顶，将盾构机向前推进。

2. 土渣被切下并顺着刀槽进入泥土仓。随着盾构千斤顶的不断推进，切削刀盘不断地旋转切削，经刀槽进入泥土仓的土渣不断增多。

3. 开启螺旋输送机，调整闸门开度，使土渣充满螺旋输送机。当泥土仓与螺旋输送机中的土渣积累到一定数量时，开挖面被切下的土渣经刀槽进入泥土仓内的阻力加大，当这个阻力足以抵抗土层的土压力和地下水的水压力时，开挖面就能保持相对稳定而不致坍塌。这时，只要保持从螺旋输送机与泥土仓中输送出去的土渣量同切削下来流入泥土仓中的土渣量相平衡，开挖工作就能顺利进行。土压平衡盾构机就是通过土压管理来保持土压力或土渣量的相对平衡与稳定来进行工作的。

（四）土压平衡盾构机的特点

1.优点

包括：①能适应较大的土质范围与地质条件，如黏结性、非黏结性、含有石块和砂砾石以及有水与无水等多种复杂的土层；②不需要泥水处理设备；③施工速度快，与泥水加压盾构机相比造价低；④能获得较小的沉降量，可实现自动控制与远距离遥控操作。

2.缺点

包括：①土压平衡盾构机由于有隔板将开挖面封闭，不能直接观察到开挖面变化情况，开挖面的处理和故障排除较为困难；②切削刀头、刀盘盘面磨损较大，刀头寿命比泥水加压盾构机刀头寿命短，要求刀头的耐磨性高。

第六章　沉管法施工

第一节　沉管法概述

随着内河及远洋航运事业的发展，在江河下游、海湾（峡）通行轮船的吨位和密度越来越大，要求桥下通行的净空越来越高，跨度越来越大，使修建桥梁的造价及难度大增。尤其是跨越江河的城市轨道桥梁工程，由于受到城市规划和可持续发展的要求，两岸线路的衔接随着城市发展越来越困难。因此，人们寻求另一种跨越江河及海湾（峡）的新方式，这就是用水下隧道代替桥梁来实现跨越江河及海湾（峡）的方法，而沉埋管段法（简称沉管法）就是20世纪初发展起来的一种修建水下隧道的新方法。它的最大优点是：现场施工工期短，即两岸工程、基槽开挖和管节预制可同时施工。

一、沉管法隧道施工的发展史

自从1910年在美国底特律河用沉管法修建第一座用于交通运输的水下隧道算起，沉管法修建水下隧道已有整整113年的历史了。

日本于1935年开始修建沉管隧道。据不完全统计，就沉管的结构形式来说，约60%是矩形钢筋混凝土结构，40%是圆形钢筋混凝土结构。日本沉管隧道的修建技术，也是从圆形钢筋混凝土结构形式开始的，后逐步被矩形钢筋混凝土结构的形式所代替。

荷兰于1942年修建位于鹿特丹的马斯隧道，这是荷兰的第一座沉管隧道，也是世界上首次采用矩形钢筋混凝土管节的沉管隧道，它代表了西欧在这一领域的技术特点，与美国形成了鲜明的对比。管节之间水压接头的发明（这种水下水压接头普遍采用GINA橡胶止水带作为初始密封,橡胶止水带作为永久性密封)、大体积钢筋混凝土浇筑裂缝的控制、混凝土抗渗能力的提高等都促进了沉管隧道修建技术的高速发展,当时荷兰的这些技术在世界上处于领先地位。

圆形钢壳混凝土结构与矩形钢筋混凝土结构沉管隧道在抗浮层设置上有较大差异。圆形钢壳混凝土结构的管节,在浮态时干弦高度较大,因此压重层一般设在钢壳的外顶部;而矩形钢筋混凝土结构的管节,在浮态时干弦高度较小,因此压重层一般在管节内底部。从美、日、荷沉管隧道工程发展历史中,可以看出世界沉管隧道的技术发展趋势:

1. 每节管节长度越来越长,每节管节中的车道数越来越多。1910 年在美国底特律河下用沉管法施工的隧道全长只有 782 m,由 10 节管节组成,每节长 78.2 m。而后来 1970 年在旧金山建成的海湾地区快速交通运输系统海底隧道全长 5 825 m,由 57 节管节组成,每节长 102.2 m。目前世界上的沉管隧道每节管节长一般在 100 ~ 130 m,最大重量一般在 30 000 ~ 40 000 t 范围之内。而荷兰京斯麦尔隧道仅有 4 节管节,每节长度 268 m,重达 50 000 t。

2. 从单一用途向多用途发展。最初的沉管隧道亦像用矿山法或盾构法修建的隧道一样,用途较为单一,即为城市道路(公路)或铁路(地铁)水下隧道。随着沉管技术发展,特别是矩形钢筋混凝土结构形式的沉管隧道出现,其横断面宽度尺寸可以较大,这样就出现了城市道路与地铁、公路与铁路共管设置,甚至可同时设置公共管廊。通行轨道运输系统的沉管隧道最近亦发展为能通行高速地铁的水下隧道,隧道内的行车速度最大可达 200 km/h,平均达 160 km/h。

3. 沉管隧道的地基适应性越来越广。沉管隧道可修建在较坚硬地基(河、海床)上,亦可修建在软弱地基(河、海床)上。世界上已建成的多座沉管隧道中,不少是修建在软弱地基上的。

4. 制造管节材料逐步由钢筋混凝土取代。从管节制作方式和材料来看,圆形钢壳混凝土结构往往先在岸边的预制场制造钢壳后再下水,然后在水中处于浮态下浇注内衬混凝土。这种圆形隧道内一般只能设置两条车道,在建造四车道隧道时就需制作两个并列管节。

我国早在 20 世纪 60 年代初,就曾在上海开展过沉管隧道的理论研究。1976 年在我国杭州湾的上海金山石化工程中首次用此方法建成了一座水下排污隧道。我国香港地区于1972年建成了跨越维多利亚港的城市道路海底隧道。受此影响，广州于1974年正式开始了用此方法修建城市道路水下隧道的研究。进入20世纪80年代，我国广州、宁波两市用沉管法修建了城市道路水下隧道。到了20世纪90年代初我国广州、宁波两市的沉管隧道相继建成通车，其中于1993年底建成通车的广州黄沙至芳村珠江水下隧道，成为我国大陆地区首次用此方法。

广州珠江、宁波甬江水下隧道的建成，上海黄浦江下游环城高速公路的八车道水下隧道和武汉跨越长江的城市道路与地铁共管的水下隧道，标志着我国在这一技术领域进入一个新的发展阶段。

二、选择沉管法修建水下隧道的原则

（一）符合城市总体规划要求，解决两岸交通问题是决定采用沉管隧道的基本依据

例如，我国广州黄沙至芳村珠江水下隧道，在工程立项及编制可行性研究报告阶段，规划部门已明确要求，该处的过江通道在北岸必须与广州市原道路网的内环线的黄沙大道、六二三路及其高架路（现已改造为城市内环快速高架路的一段）相连接。

（二）合适的河（海）航道、水文及河（海）床条件是修建沉管隧道的必要条件

一般多在江河的下游修建沉管隧道，因为在下游河床比较平坦，水流速度不会过大。如水流速度大于3.0 m/s，或水流方向极不稳定，或河床有深沟、地形陡峭，都会造成管节浮运、沉放和对接困难。若水深超过40 m，则矩形钢筋混凝土管节的沉放、对接困难，亦难以实现水下水压对接形成临时密封（因GINA橡胶止水带选型困难），也难以采用水中的最终接头。对于圆形钢壳与混凝土组合的管节，由于难以实施水下焊接及水下混凝土的浇注工艺，水下接头处理亦十分困难，

沉管隧道对地基承载能力要求不高，所以很多沉管隧道都修建在软

弱地基上，但亦不能忽视软弱地基的河（海）床稳定性。沉管隧道的设计寿命一般为100年，沉管隧道修建完成后，如因河（海）床冲刷，软弱地基大面积横向或纵向位移，或出现深沟（槽），后果不堪设想。因此，软弱地基的河（海）床稳定性是修建沉管隧道的前提条件。

沉管隧道最大优点是现场施工工期短，即两岸工程、基槽开挖、管节预制可同时施工。管节的浮运、沉放、水下对接和基础处理等工序相对总工期来讲比较短。这些工序完成后，隧道内实施其他工程项目（例如压载水舱的拆除、压重层的浇注、接头处理、路面及内装修、机电安装工程等）对外部没有什么影响。因此，航道条件是否合适（能否有足够水深和足够宽的航道来实施管节浮运、转向）、是否能在隧道地址附近选到合适的干坞（包括水文、地质条件，足够大的干坞面积）或在隧道口部是否有可能为干坞利用的地形等，都是采用沉管法的重要条件。

第二节　沉管法基础施工

沉管段的基础施工是沉管隧道施工的重要工序之一，具有如下特点：沉管隧道水中的沉管段对基础的要求不高，因为在长期运营工况下其抗浮系数仅为1.1，可以说，沉管段是怕浮起，而不是重点考虑其对基础承载能力的要求。

在一般地面建筑工程中，如地基的工程地质条件较差，就必须建造适当的基础，不然就可能发生有害沉降，甚至出现坍塌危险。如遇有流沙，施工时还须采取疏干或其他特殊措施，否则就难免发生意外，而在水底的沉管隧道中情况不同，首先不会产生由于土体剪切或压缩而引起的沉降，因为放置管节后作用在基槽底面的应力要比原始应力小得多。

一、沉管隧道沉管段基础施工的目的

沉管段虽对各种地质条件的适应性强，一般不需构筑人工基础，但施工时仍须进行基础处理。其目的不是为了应对地基土的固结沉降，而是为了解决基槽开挖作业所造成的槽底不平整问题。因为不论使用任何种类的挖泥船，浚挖后的基槽底表面，总留有15～50 cm的不平整度

(铲斗挖泥船可达 100 cm),这使基槽底表面与管节底面之间存在着众多不规律的空隙,导致地基土和管节结构受力不均而局部破坏,引起不均匀沉降,所以沉管隧道的基础处理就是将基础垫平,以消除这些有害空隙。

二、沉管隧道沉管段基础施工的主要方法

基础处理方法可大体上分为先铺法和后填法两大类。

(一)先铺法

先铺法实际上只有刮铺法一种,早期刮铺法采用一个简单的钢刮板对铺垫材料进行扫平,后来采用一种不受潮沙影响的刮板船替代。刮铺法因所用铺垫材料颗粒的大小不同,又分为刮砂法和刮石法两种,两种工法的操作基本相同。

1. 简易刮铺机刮平

(1)在基槽开挖时,往下超挖 60 ~ 80 cm。

(2)在基槽底两侧打设二排短桩,安放控制高程及坡度用的导轨。

(3)用抓斗或通过刮铺机的输料管,投放铺垫材料(粗砂或最大粒径不超过 100 mm 的碎石),每次投料铺垫宽度可为管节底宽加 1.5 ~ 2 m,长度则与一节管节长度相同。

(4)按导轨调整铺垫料的厚度、高程以及坡度,用简单的钢犁或特制的刮铺机刮平。

2. 水下人工刮平工法

(1)铺设水下导轨支座。

(2)铺设行走导轨,要求导轨面标高误差不超过 20 mm。

(3)给砂(或石)装置沿导轨行进,由工程船舶上的给料斗不断供砂(或石)由潜水员在水下人工刮平。

3. 先铺法的主要缺点

(1)须制造专用刮铺船舶,费用昂贵。如用简单的钢犁进行刮平作业,则精度较难控制,作业时间亦较长。

(2)须按设计高程、坡度以及厚度要求,在水底架设导轨。导轨的安装须具有较高的精度,否则会造成基础处理失败。潜水员在水底架设导轨时间较长。

(3)刮铺完成后,仍有回淤或坍坡,必须不断加以清除,直到管节沉放完毕为止。

(4)刮铺作业时间比较长,作业船在水上停留占位时间较长,对航运影响较大。

(5)在流速大、回淤快的河(海)道上施工较困难。

(6)管节底宽超过15 m左右时施工比较困难。

(7)在地震区应尽量避免采用刮砂垫层,只能采用刮石垫层。

(二)后填法

后填法主要有灌砂法、喷砂法、灌囊法、压浆法和压砂法等几种方法。

1.灌砂法

管节沉放完毕后,从工程船舶上通过导管沿着管节侧面向管节底部灌填粗砂,构成纵向垫层。此法不需专用设备,施工方便,较适用于底宽较小的钢壳圆形、八角形或花篮形管节。这是一种最早的后填法的基础处理方式,美国早期的沉管隧道沉管段的基础处理常用此法。

2.喷砂法

管节宽度较大时,先铺法、灌砂法均不适用。在1942年建造荷兰马斯隧道(世界上第一条矩形断面沉管隧道,管节底宽为24.79 m)时,丹麦Christiani Niclsen公司研究成功了一种新的后填法基础处理新工艺——喷砂法,并取得了专利。该方法主要是在水面上用砂泵将砂、水混合料通过伸入管节底面的喷管向管节底部喷注,以填满其空隙。喷砂所筑的垫层厚度一般为1 m。

喷砂作业之前,需在沉放完毕的管节顶面上安设一套专用台架。台架在水面以上的部分作为施工工作平台,台架可沿铺设在管节顶面上的轨道作纵向前后移动。在台架的外侧,吊着一组由三根钢管组成的管组。管组下端弯成L形,以伸入管节底下的空隙中去。管组中间的一根为喷管，直径为 10 cm。其旁为两根吸管，直径为 8 cm。在喷砂、水的同时，经两根吸管抽汲回水。根据回水的含砂量断定喷填的密实程度。

喷砂作业时，先从管节的前端开始，逐步喷填到管节后端，然后用浮吊将台架吊移到管节的另一侧，再从后端向前端喷填。喷砂作业的施工速度约为 200 m^2/h。当管节底面积为 3 000 ~ 4 000 m^2时，喷砂作业所需时间为 15 ~ 20 h，一般两天可完成。

在喷砂开始前，可利用吸砂设备将基槽底面上的回淤土或松散的土块清除干净。此亦为喷砂法的特点。

喷砂完毕后，随即将支承在临时支座上的千斤顶卸荷，使管节全部（包括压重层）重量压到砂垫层上使之压密，此时产生的沉降量一般在 5 mm 以内。竣工、通车后的最终沉降量一般在 15 mm 以内。

20 世纪 80 年代，该方法已发展到在管节底面下的空隙中设置一套能纵向（沿管节纵向）移动的导架，导架上放置横向往复移动的喷砂机械手，由水面工程船舶通过输砂管输砂，导架由水面工程船舶拖拽纵向移动。采用水下闭路电视监视喷砂充填空隙的效果。

3. 灌囊法

首先在开挖好的基槽底面先铺一层砂、石垫层，然后于管节沉放前在管节底面下系上空囊袋一并下沉，先铺垫层与管片底面之间留出 15 ~ 20 cm 的空间。

待管节沉放完毕后，从工程船舶上向囊袋内灌注由黏土、水泥和黄沙配成的混合砂浆，直至管节底面以下的空隙全部充填满为止。

囊袋的尺度按一次灌注量而定，一般不宜过大，以能容纳 5 ~ 6 m^2为度。制造囊袋的材料要有一定牢度，并有较好的透水性和透气性，以便灌注砂浆时顺利地排出囊袋中的水和空气。

混合砂浆的强度要求不高，只需略高于基槽原状土即可，但其流动度应较大。灌浆时，从水面通过 100 mm 直径的消防软管，靠砂浆自重自行灌注，而不用加压（所以不称为“压浆”）。灌注时须采取适当措施防止管节顶起，除密切观测外，还可采取间隔（跳挡）轮灌等措施。

4. 压浆法

压浆法是在灌注法基础上进一步改进和发展而来的，可省去造价高的囊袋、繁复的安装工艺、水上作业和潜水作业。

采用此法时，沉管段基槽亦须向下超挖1 m左右，然后摊铺一层碎石（厚约30～40 cm），但不必刮平，再堆设作为临时支座的碎石堆。管节沉放对接结束后，沿着管节两侧边及后端底边抛堆砂石混合料至离管节底面标高以上1 m左右，以封闭管节周边，然后从管节内部用通常的压浆设备，经预埋在管节底板上带单向阀的压浆孔（直径80 mm），向管节底部空隙压注混合砂浆。

压浆所用混合砂浆是由水泥、蒙脱土、砂和适量缓凝剂配成的。蒙脱土亦可用黏土代替，其掺用目的是增加砂浆的流动性，同时又节约水泥。混合砂浆的强度只要5 MPa左右，且不低于地基原状土体的强度便可。因管节作用在基槽底面上的压力很小，一般只有1～2 MPa，最大亦仅31 MPa左右。每立方米混合砂浆的配比为：水泥150 kg、蒙脱土25～30 kg、砂600～1 000 kg。压浆时所用压力不宜过高，以防顶起管节，一般比水压力大0.1～0.2 MPa即可。

5.压砂法

压砂法亦称为砂流法，与压浆法颇为相似，两种方法研究目的相同，试验时间相近，思路亦颇相仿。该法首先用于荷兰弗拉克沉管隧道（1975年），以后该国的许多隧道如博特莱克隧道等，均采用此法进行基础处理。

压砂法是从管节内向管节底面以下的空隙压注砂、水混合物。混合料由沉管隧道一端经管道（一般为200 mm的钢管管径）以2.8 MPa气压输入管节内（流速约为3 m/s），再经预埋在管节底板上的压砂孔（带有单向阀）注入管节底面以下的空隙。

6.灌砂法

该方法介于喷砂和压砂两种方法之间，是在管节底板中等距离预埋横向灌砂管，在灌砂管中向下开若干个灌砂口，用短管连接直通至管节底面。先铺法和后填法相比较，后填法的主要优点是：临时支座小而少，因而设置临时支座的潜水工作量远较先铺法为少；高程调节简便，精度易于达到要求；作业时，施工设备占用河道时间短，对航运的干扰少。

三、软弱土层上的沉管段基础施工方法

在选择基础施工方法时主要考虑:沉管段基槽底的工程地质条件、抗震设防要求、航道通航及封航要求、管节尺寸(主要是管节底宽尺寸)、沉管隧道所在地区充填材料供应条件、沉管隧道所在地区现有可供施工选择的工程船舶配备条件、河(海)水深、工期及经济性要求等。在各国的沉管隧道中,曾采用过的施工方法主要有以下三种。

(一)水下混凝土传力法

基桩打设好后,先浇一、二层水下混凝土,将桩顶裹住,然后再于其上设置刮砂或碎石垫层,使管节荷载经砂、石垫层和水下混凝土层传递到桩基上去。美国的班克黑德道路沉管隧道(1940年)曾用此法。

(二)灌囊传力法

在管节底面与桩群顶部之间,用灌囊法(即后填法之一)填实。瑞典廷斯塔德沉管隧道曾用此法(1969年)。

(三)活动桩顶法

在所有的桩上设一小段预制混凝土活动桩顶。活动桩顶与预制混凝土桩之间留有一空隙,周围用尼龙布(积物、能排水与气)裹住,形成一个囊袋。管节沉放后,向囊袋里灌注水泥和砂浆,将活动桩顶升起,使之与管节底面密贴接触。待砂浆强度达到要求后,卸除千斤顶,管节荷载便能均匀地传到桩群上去。在使用此法时,预制混凝土桩不能直接打入土中,因顶部空腔不能承受锤击,故须先打入钢管作为套管,然后再于套管中插入预制混凝土桩,荷兰鹿特丹地铁沉管隧道曾用此法。

在以上各种施工方法中,第一种方法会增加很多工程费用,且在地震区有液化的危险。丹麦利姆峡湾沉管隧道施工时采用了砂置换法,将软弱土层全部挖去,而后在隧道附近取砂回填。第二种方法除增加工料费外,且不论加载多少,使地基土达到固结密实都需要很长时间,对工期影响太大,故一般不用。比较适宜的方法是活动桩顶法,即沿沉管隧道纵向每隔一定距离打入若干排钢筋混凝土桩或钢桩。

在沉管段中采用桩基时，会遇到一个地面建筑所碰不到的特殊问题，即桩群的桩顶标高在实际施工中不可能达到绝对的齐平，而管节又是在干坞预制的，管节沉没后，无法保证所有各桩均与管节底面接触，所以必须采取一些措施以使各桩均匀受力。

如果沉管段管节底面以下的地基土过于软弱，则仅作“垫平”处理是不够的。这虽在实际工程中不多见，但如遇到这种情况，则必须认真对待，一般解决的方法有：以粗砂置换软弱土层；打砂桩，并加载预压；减轻管节重量；采用桩基。

第三节　管节施工

管节施工包括制作、浮运、沉放、对接等施工工序。

一、管节制作

矩形钢筋混凝土管节先在临时干坞内制作，制成后往坞内灌水，使之浮起并拖运至预定位置沉放。在管节的同一横断面内可以容纳4～8条车道。这种管节优点是：横断面空间利用率较高，建造多车道隧道时尤为突出；车道的标高可以抬高，隧道埋深较浅，隧道长度也相应较短，因而工程量及造价较低，并可节省大量钢材。但由于管节宽度较大，基础处理不如圆形横断面简便，同时为保证防水、抗渗及干舷高度要求，对钢筋混凝土管节制作工艺要求较高，但采用钢筋混凝土管节是大势所趋。

在钢筋混凝土管节预制过程中，需采取多种混凝土裂缝控制的技术措施以确保其质量，特别要防止贯穿裂缝的出现。在目前世界上一些新建的沉管隧道中，除采用传统技术措施控制混凝土裂缝的产生外，为了增加管节结构的抗拉强度，还采用了纵向预应力措施。另外，也有采用钢纤维或化学纤维混凝土的，例如采用Dura纤维——美国希尔兄弟公司生产的高强聚丙烯单丝或网状纤维，可以极为有效地控制管节混凝土塑性收缩及裂缝，大大改善钢筋混凝土管节的抗渗能力。钢筋混凝土管节的预制，由传统干坞预制发展到工厂流水线生产。例如1995年7月动工修建，2000年6月建成通车的丹麦哥本哈根到瑞典马尔默之间的厄勒海峡沉管隧道。沉管段长3.5 km，由20节钢筋混凝土管节组成，每节管节长175 m，宽42 m（分八个施工段浇注）。预制厂濒临海边，东西向布置（东面临海），西端设预制车间，内有两条平行的浇注管节生产作业线。预制场东面设置高低两蓄水区（高蓄水区底的标高在海平面之上，低蓄水区底的标高在海平面以下，两蓄水区的水深都能保证管节起浮的吃水深度），高蓄水区西端设置滑行闸门，低蓄水区东端设置浮运闸门，滑行道延至高蓄水区内（超过一节管节长度）。当浇注完成的管节滑至高蓄水区内时，关闭两端闸门，往高蓄水区注水，管节起浮后，浮运至低蓄水区，然后打开东端的浮运闸门，高蓄水区的水排至海中，管节即可浮运出低蓄水区。

二、管节浮运

（一）管节浮运前的准备工作

管节浮运前，首先应做好管节沉放点的基槽检查，包括临时支座安放位置及顶面标高的检查，已完工的岸上段对接端面或已沉放好管节对接端面的检查，系泊锚块安放位置的检查等。其次，要对预定浮运沉放段日期前后7～10 d的气象做出预报，估算浮运沉放作业时最大风速，一般应小于10 m/s。最后，要进行浮运沉放日水文调查，浮运沉放时间宜选在上午10点。水文调查包括水的比重和水温、两次高潮位的时间及潮高、两次低潮位的时间及潮高、水流速度。最后，向港务及港监部门申请浮运沉放作业时间。

（二）管节在干坞内起浮

管节在干坞内起浮前，应对压载水舱注水调平，并安装好必要的附属设施，包括系缆柱、缆绳、导轮等。

为了保证管节在干坞内顺利起浮，根据需要可在干坞周边设置系缆柱及必要的系缆绞车。一般在管节起浮过程中都用这种系缆系统来稳定管节。由于管节起浮时系缆系统将承受较大的冲击力，故起浮后要重新检查系缆系统。但在某种情况下如不能采用系缆系统时，就要待管节起浮后，再由潜水员系上出坞牵拉缆。

为了使管节起浮就必须排除掉压载水舱中的部分水量，此时可把压载水舱分为若干个排水区，一边观察每个排水区水位，一边用阀门来控制排水量，从而保证管节慢慢安全地起浮。对于多管节一起预制的干坞，管节的起浮可按出坞浮运的顺序一节一节起浮。

由于管节内温度、湿度都很高，可能会降低排水泵等电气设备的稳定性，因此事先要进行试运行。

管节起浮后，一侧可利用干坞的系缆柱系泊，另一侧可利用尚未起浮的管节系缆柱系泊，确保起浮的管节平稳无漂移。

起浮的管节系泊好后，向坞内灌水至坞内外水位一致后，打开坞门或破除坞堤。如采用双吊驳吊沉管节，则需把双吊驳对着坞口中线在坞口附近系泊好。

（三）管节出坞

管节可通过绞车系泊缆绳系统牵引出坞。出坞作业应选在高潮的平潮前半小时进行。

管节出坞后，移至双吊驳内，与双吊驳连结在一起，并通过缆绳系统把管节与双吊驳系泊在一起。然后，用双吊驳的两个连结横梁上的起吊系统的缆绳挂住管节上的四个起吊环，起吊环的细部结构。

如采用起重船（或专用船舶）起吊沉管节时，管节出坞前，即先在坞口外将两艘导向拖轮对称坞口中线锚泊定位，出坞后的管节由拖轮拖进两艘导向拖轮之间，管节与两艘导向拖轮用绳缆系统系泊在一起。

（四）浮运

管节浮运应在水流速度最小时进行，并根据上述模型试验结果配备拖轮和拖轮马力。大型管节从存泊区浮运到沉放位置之前，要安装拖缆。管节在浮运时，虽然其在水中重量较轻，但是由于管节质量大，惯性力和水阻力也很大，因此要用很大拖拽力才能使静止的管节起动或运动的管节停下。在拖航时，主拖轮与侧拖轮一起实现拖航，并在管节后部用制动拖轮来系拽缆。

日本东京港沉管隧道管节浮运距离约4 km，浮运作业时间一天，包括了拖、拽缆系的时间，实际浮运时间为2 h。主拖轮3000马力，最大拖力40 t，考虑到浮运过程拖力作用方向变化，所以每个拖点要按承受40 t力来设计。

广州黄沙至芳村珠江水下隧道管节浮运方案，由于干坞设在芳村岸上段，管节浮运距离很短，江面宽只有400 m左右，主要采用绞车拖航方式。第一节管节与干坞（芳村侧）对岸的黄沙侧岸上段对接，因而把拖运管节的主绞车设置在黄沙岸上段处，最后两节管节（E4、E5）实际上是在干坞口部附近沉放。

三、管节沉放

（一）沉放作业

管节应在高潮位时下沉就位，若一个潮期不能沉放好，要使管节保持在基槽内，以减少水流对管节的影响，待下一个潮时再沉放，但应力争在一个潮期沉放完毕。因此，管节锚泊系统的锚泊力应能抗拒大于模型试验所确定的最大水流速度时整个系统的总阻力。管节下沉过程一般分为三个阶段：

1. 当管节完成吊挂作业，利用调节缆调整好管节位置时，开始强制灌水作业。管内压载水舱的注水由值班人员控制，负浮力状态由沉放船舶吊挂系统上的测力计反映，加载过程与沉放过程是一个连续工况，管节顶面沉入水面下20 cm，即停止初始负浮力的加载，这一过程在1 h内完成。根据模型试验，负浮力控制在2 000 ~ 4 000 kN范围。下沉速度一般为0.3 ~ 0.5 m/min，在平潮期下沉速度可能小于0.025 m/s。下沉至管节顶面距水面4 m时，管节受力状态最为复杂，各种作用力变化很大，必须引起重视，并要有足够的安全保证措施，以防万一。

2. 管节底面距基槽底2 ~ 2.5 m时停止沉放，利用沉放船舶的吊挂系统对管节进行调坡（即基本上与设计坡度相似），然后平移沉放船舶，使两个管节的对接端面相距（30~60 mm），初步调整各项误差，再连续下沉至距设计标高500 mm处，用对接定位装置（鼻式托座或导向定位梁）进行水平定位，定位范围为±170 mm。

3.精确就位。利用对接定位装置不断减少管节的横向摆幅，并自然对中，以提高安装精度，管节继续缓慢下沉，后支承装置较对接定位装置提早着地（高差100 mm），后临时支承即开始起作用；当管节基本稳定后，管节对接端继续下沉至对接定位装置起垂直导向作用为止。此时通过测量校正误差，使管节的左右误差小于±20 mm，高程误差小于±20 mm。

在沉放过程中，要注意管节底面下的河（海）水的浮力将随着管底与基槽间隙的减少而逐渐加大，尤其是在泥砂含量较高的江、河中更为明显，需及时调整负浮力或采取其他措施，保证管节能继续下沉就位。

（二）管节沉放的辅助设备

1.管节沉放用的测量塔（如塔上设有控制室亦可称为控制塔）

单纯用作测量的测量塔其结构形式一般是每节管节配备一套。如果测量塔兼作管节沉放对中微调绞车安装平台时，一般在管节顶面上配置两套（每端一套）。

测量塔的设计一般考虑两种工况；第一种工况为台风吹袭；第二种工况为测量。一般在测量塔内还设置人孔井，供施工人员由水面进入管节内。

2.管节微调对中系统

微调对中系统有两种形式：一种是将微调绞车安装在测量塔顶部平台上；另一种是将微调绞车及其缆绳系统安装在管节顶面上。

3.拉合千斤顶

一般在管节沉放、对接时需要在管节端部配置两套拉合千斤顶，其拉力根据GINA橡胶止水带的尖肋压缩力及总长度来确定。一般每套拉合千斤顶的拉力为200 t左右，行程一般为1.00～1.20 m。拉合千斤顶有两种设置方式：一种是将拉合千斤顶设置在已沉放好管节内，其优点是整套液压站（包括油管）都设在管节内，而且拉合力均匀。其缺点是伸出水中的千斤顶活塞杆穿过的端封墙上需要设置密封装置，其次活塞杆端部的拉合头要在水中连接上另一要对接的管节，增加水下工作量。第二种是拉合千斤顶及拉合座设置在管节顶面端头，其优点是从水面放下拉合千斤顶十分方便，其缺点是油压站设置在水面工程船舶上，需要很长的油管；其次拉合力偏离管节垂向中心线。

4. 管节对接定位设施

目前沉管隧道管节沉放、对接普遍采用鼻式托座的定位设施，它一般被放置在管节对接端的隔墙上，共有两对，对称布置，每对由上下鼻托组成。上鼻托设置在准备沉放对接的管节上，而下鼻托设置在先前已沉放好的管节（或岸上对接管节端头）。

采用鼻式托座对接定位精度高，上、下鼻托悬臂较小，受力状态好。但在沉放对接的管节的另一端则需配置两套支撑千斤顶及相应的两块临时支座。在每一套鼻托上还需配置顶升千斤顶，在基础处理完成后用配置在已沉没好的管节（或岸上段与管节对接端）上的顶升千斤顶，把管节顶起，拆除鼻托，然后油缸泄压，再把沉放对接好的管节放回到已处理好的基础上。顶升千斤顶的液压站设置在管节内，油管要穿过管节的端封墙，顶升千斤顶（包括连接油管）在管节沉放对接过程中暴露在水中。

如果每节管节配置四个支撑千斤顶及相应的四块临时支座，则在鼻托上可不设顶升千斤顶，而用靠近管节对接端的两个支撑千斤顶代替顶升千斤顶的作用。但此时需在被沉放的管节顶面放置两根对接定位梁，在先前已沉放好的管节（或岸上段与管节对接端）的顶面上设置对接定位座。这种对接定位方式成功地用于广州黄沙至芳村珠江水下隧道中。

5. 支撑千斤顶

为了管节的精确定位，在管节内设置大量供微调用的支撑千斤顶，其中包括安装在管节内的支撑千斤顶，其活塞杆通过密封装置伸出管节底部，液压站设在管节内；安装在管节侧的墙外壁千斤顶，千斤顶在水中工作，液压站设置在水面的工程船舶上，油管在水中与千斤顶连接。

6. 管节沉放时管内其他设备

为了安全施工，管节内还需设置一些临时设施，包括施工临时通风系统（风机、风阀），动力照明配电系统等，由工程船舶提供动力照明电源和供电电缆，通过人孔管井接入管节内，管内设置配电屏对动力、照明进行配电和施工用临时照明等。

四、对接

管节沉放精确就位后，即拆除GINA橡胶止水带保护罩，派潜水员检查GINA橡胶止水带及对接端面是否有附着物或损坏。一切准备好后，吊装或安装拉式千斤顶，对GINA橡胶止水带进行预压。对接拉合的速度应不大于7 cm/min，当两端面相距210 mm时，对管节进行精细微调，直至满足设计的安装精度要求，再继续拉合到初步止水工况。潜水员检查初步正水没问题后，进行水压压接（施工人员在管节内打开排水阀及进气阀，开动排水水泵，抽掉两管节间隔舱中的水，形成负压），压接速度不小于2 cm/min。然后用垂直调整系统（支撑千斤顶和鼻托上的顶升千斤顶）把管节顶起，顶起高度为基础处理所需的预留量，最后再灌水加注至负浮力12 000 ~ 15 000 kN，使其抗浮系数达1.05。

加载完毕后，撤除沉放及其他工程船舶、锚泊系统，解除封航，打开对接舱门（水密门），同时接通岸上段的电力、通风系统，测量管节安装后的各项误差。潜水员下水拆除管节预留的各种临时施工设施。安装OMEGA橡胶止水带，安装前要检验OMEGA橡胶止水带的水密性能。第二道OMEGA橡胶止水带安装完毕后，可拆除接口隔舱两侧的端封墙，沉放、对接作业即告完成。

第七章　高架结构施工

第一节　高架结构概述

当城市地形、地势低，城市道路比较适合高架结构时，城市轨道交通采用高架结构。高架结构是空中城市轨道交通运营的载体，主要包括高架车站和站间高架桥，均属永久性城市建筑物，它们必须符合安全、适用、经济、美观、环保、维修方便等基本原则。本章主要介绍高架结构的施工准备和施工技术。

在城市建设中，除了楼房、传统道路和桥梁等重要基础设施外，城市轨道交通的高架结构也是看得见、摸得着，与人们的生活有着重要关联的新型建筑，为了保证其安全、适用、经济、美观、环保和维修方便，下面介绍高架结构施工的要求和施工前的准备工作。

一、施工要求

高架桥的构件力求标准化、工厂化并采用机械化施工；对上下部结构进行多方案比选，选择最佳结构方案；在安全、适用和经济的前提下，尽可能使桥梁具有优美的造型并与城市建筑及环境相协调。与一般桥梁相比，城市轨道交通轨道结构还有一些值得注意的特殊要求：

1. 高架结构的施工应考虑到尽可能避免对城市交通和市民生活的干扰，施工中应尽量不中断市内交通，设法降低噪声，特别要避免在靠近原有建筑物地区采用打入桩。对地下管线要调查探明，若与其他结构的基础有干扰时，要采取适当的避让措施等等。

2. 高架桥要特别注意防水、排水、伸缩缝、栏杆、灯柱、防撞墙等配套构件的功能完善和外观协调，这些都是被关注的对象，直接影响到城市的文化生活。

3.高架桥在必要地段要设置隔声屏障以减轻车辆运行的噪声，桥上应设置养护、维修人员及疏散旅客的安全通道。

4.高架桥的主要技术标准采用1 435 mm的标准轨距，跨越铁路、公路、城市道路和河流时的桥下净空应满足有关规范的限界规定。

高架车站是为旅客乘车服务的设施。车站的选址、布置和规模等以轨道交通运营效果为依据。车站除满足运营使用功能外，应保证乘客使用安全、方便和舒适，并与周围景观相协调。

二、施工准备

在高架结构施工中，为了保证施工进度和施工质量，施工的准备工作是很有必要的。施工准备工作的主要内容包括熟悉设计文件与施工方案、技术交底与施工组织设计、测量调查与编制施工预算、劳动组织和施工现场的准备等内容。

（一）熟悉设计文件与施工方案

1.熟悉设计文件

（1）承建单位接到中标通知后，要认真组织工程技术人员熟悉、研究所有技术文件和图纸，全面领会设计意图。

（2）检查所有设计文件、图纸、资料等是否齐全、清楚，图纸与各组成部分之间有无欠缺、错误和互相矛盾的情况。

（3）检查几何尺寸、坐标、标高、说明等方面是否一致，技术要求是否正确。

（4）与现场情况进行核对，必要时应进行补充调查，同时，需要做好详细记录。

2.编制施工方案

（1）对投标时初步确定的施工方案和技术措施等进行重新评价和研究，以制定出更加详尽的符合现场实际情况的施工方案，报上级批准。

（2）施工方案的主要内容包括：编制依据、工期要求、工程特点、施工方法、材料及机具数量、劳动力的布局、进度要求、完成工作量和临时设施的初步规划。

(3)对临时性结构的施工设计,应在保证安全的前提下尽量考虑使用现有材料和机械设施,因地制宜,使设计出来的临时结构经济、适用、安装拆卸方便。

(二)技术交底与施工组织设计

1.施工前技术交底

技术交底由建设单位主持,有设计、监理和承建单位参加。技术交底的主要内容有:工程设计概况、设计说明、结构尺寸及相互关系、施工工艺、安全措施、规范要求、质量标准、对工程材料的要求、试验项目、施工注意事项等,其主要程序如下:

(1)设计单位出示工程的设计依据、意图和功能要求,并对特殊结构、新材料、新工艺和新技术提出设计要求。

(2)施工单位根据研究图纸的记录以及对设计意图的理解,提出对设计图纸的疑问、建议和变更。

(3)在统一认识的基础上,对所探讨的问题逐一做好记录,形成"设计技术交底纪要",并由建设单位正式行文,参加单位共同签字盖章。该"设计技术交底纪要"是与设计文件同时使用的技术文件和指导施工的依据,也是建设单位与施工单位进行工程结算的主要依据。

2.施工组织设计

施工组织设计是施工准备工作的重要组成部分,也是指导工程施工中全部生产活动的基本技术经济文件。编制施工组织设计的目的在于全面、合理、有计划地组织施工,从而具体实现设计意图,优质高效地完成施工任务。

(三)测量调查与编制预算

1.测量调查

(1)对高架结构中线位置桩、三角网基点桩、水准基点桩等及其测量资料进行检查核对,如若发现桩标志不足、不稳妥、被移动或测量精度不符合要求时,应进行补测、加固、移设或重新校验。

(2)在高架结构开工前的准备阶段中,应充分调查有无地下管线或其他地下建筑物等障碍物,若施工中涉及与其他部门有关的问题,应事先联系,加强协作,或者签订合同协议。

2.编制施工预算

施工预算是施工企业内部控制各项成本支出、考核用工、签发施工任务单、限额领料以及基层进行经济核算的依据,同时,也是制定分包合同时确定分包价格的主要依据。施工预算按照高架结构施工图纸的工程量、施工组织设计或施工方案、施工定额等文件进行编制。

(四)劳动组织准备

1.准备工作内容

按照施工组织设计的具体要求,对物资进行必要的准备工作,其主要内容有:工程材料的准备(例如钢材、木材、水泥、砂石材料等,其规格、标准、生产厂家都必须符合设计要求)、工程施工设备的准备(各种各样的起吊设备、混凝土搅拌设备、浇筑设备、振捣设备和预应力机具等)及各种小型工具与配件的准备等。

2.建立组织机构

对高架结构的劳动组织准备,首先需要确定组织机构,其基本原则是:根据高架结构工程项目的规模、结构特点和复杂程度来决定其机构中各职能部门的设置,坚持合理分工与密切协作相结合的原则,分工明确,责权具体。总之,建立组织机构便于管理与指挥。

3.合理设置施工班组

具体的施工过程中,需要合理建立施工班组,特别需要考虑专业与工种之间的合理配置,技工与普工的合理比例,尽可能地符合流水作业方式的要求,并制定出工程所需劳动力数量的计划。

4.岗位培训

要集结施工力量,组织劳动力进场,对进场前的工人必须进行技术、安全操作规程、消防及文明施工等方面的岗前培训教育,培训合格后发放相应的岗位证书和技能证书,实现持证上岗。

5. 建立管理制度

为了高速、优质、低耗地完成高架结构的修建，必须建立各项管理制度。其主要内容有：工程技术档案管理制度、技术质量责任制度、施工图纸学习与会审制度、技术交底制度、材料出入库制度、工程材料和构件的检查验收制度、安全操作制度、机具使用保养制度、工程质量检查与验收制度等。

（五）施工现场的准备

1. 建立施工控制网

根据勘察设计单位提供的高架结构总平面图和测量控制网中所设置的基线桩、水准标点以及重要标志的保护桩等资料，进行控制网的复测。并根据高架结构的精度要求和施工方案，补充施工所需要的各种标桩，建立能满足高架施工要求的平面与立面施工测量控制网。

2. 四通一平

在高架结构施工前，必须完成“四通一平”工作，即路通、水通、电通、通信和平整场地等。

3. 墩（桩）位补充钻探

在高架结构初步设计时所依据的地质钻探资料往往因钻孔较少、孔位过远而不能满足施工的需要，因此必须对有些地质情况不了解的墩位进行补充钻探，以查明地质情况和可能发生的隐蔽物，为基础工程的施工创造有利条件。

4. 搭建临时设施

根据施工总平面图的布置，将所有的生产、生活、办公、居住和仓库等临时用房建造好，同时将便道、码头、混凝土搅拌站以及构件预制场地等建造好。

5. 安装施工机械

在高架结构施工开工前，对所有参与施工的机械、机具进行安装并且检查和调试，还要保证某些易损部件有备用件等。

6. 材料的试验与堆放

根据设计要求，有计划地对所用的材料进行试验，例如混凝土、砂浆的配合比与强度，钢材的机械性能等试验。同时组织好材料进场，并按指定的地点和规定的方式进行堆放储存。

7. 冬、雨季施工

根据施工组织设计的具体要求，认真落实冬、雨季施工的临时设施和技术措施，切实做好施工安排，尽可能避免劳动力的浪费。

8. 建立各种制度

根据高架结构施工的特点，制定出一套切实可行的消防、保安规章制度，安排好消防与保安人员，提出具体的消防与保安措施。

（六）现场布置的原则

1. 缩短运距

施工场地内的运输应尽可能做到方便、合理、节约，力求来料加工或成品堆放形成流水作业，做到运距短、装卸快、费用低。大型的机具、材料和构件等，尽可能存放在施工现场。

2. 危险品存放

在布置施工场地时，对容易燃烧和爆炸的危险品存放地点，必须符合安全和消防的有关规定和要求。

3. 场内交通

根据场地内运输要求，合理布置临时道路（便道），尽可能地满足施工要求。

4. 节约用地

在高架结构的施工中，必须尽可能地节约用地。

5. 工地生活

施工现场必须注意福利条件，尽量满足职工的生活、学习和文化娱乐的要求。

第二节　高架桥施工

高架桥施工主要包括基础施工、墩台施工、桥跨施工和附属结构施工等部分。

高架桥的基础工程常在地面以下或水中，并且涉及水、岩石以及城市地下管线等，从而增加了它的施工难度和复杂程度。根据桥梁基础工程的结构形式和施工方法可分为：明挖基础、桩基础、沉井基础和组合基础等。地铁与轻轨高架桥桥墩及车站框架柱对沉降要求较高，因此一般采用桩基础，而对于车站框架结构则应另加连续梁。本节重点介绍常用的桩基础施工、墩台和桥跨结构施工。

一、桩的施工

（一）桩的类型

用于高架结构的桩基础按施工方法分主要有预制桩和灌注桩两种：

1. 预制桩就是在工厂或施工现场按规定的材料预先制作桩，而后运到墩台位置，依靠沉桩设备将预制桩直接打入、振入或旋入地层中。按沉桩设备划分主要有锤击沉桩、振动沉桩、射水沉桩以及静力压桩。

2. 灌注桩是在施工现场的桩位上采用机械或人工成孔，然后在孔内浇筑混凝土（或钢筋混凝土）。根据成孔方法的不同可分为：钻孔、挖孔和冲孔灌注桩，套管成孔灌注桩，爆扩成孔灌注桩等。在高架桥施工中常用的是钻孔灌注桩。

（二）桩的施工

1. 桩的构造

桩的横截面尺寸经常采用：预应力钢筋混凝土圆桩，桩径 ø 600 mm；预制钢筋混凝土方桩，一般为 450 mm × 450 mm 断面；钻孔灌注桩和挖孔桩，桩径有 ø 800 mm、ø 1 200 mm 和 ø 1 500 mm 三种。桩长、地质情况和承载力要求按设计确定。桩基础一般坐落于粉细砂层和基岩上。桩头需伸入承台底面 100 mm，桩头钢筋留长 45 mm。

2. 施工要求

预制桩特别是 PHC（预应力高强混凝土）桩一般由工厂预制，在场地允许情况下也可以在现场制作钢筋混凝土方桩。预制桩一般分上、下两节，上节桩为 C40 混凝土，下节桩为 C35 混凝土。当混凝土强度达到设计强度的85%时可以吊运，打桩时混凝土强度应达到设计强度的100%，且龄期不小于28 d，贯入度控制为30～70毫米/10击。此外，还应考虑以下两种情况：一是贯入度满足要求，但桩顶标高大于设计标高，其值小于50 cm时，继续锤击30～50次，如发现异常可停锤，如其值大于50 cm时，与设计单位联系研究决定；二是与灌注桩距离小于50 m范围内的沉入桩，均应在灌注桩龄期28 d后进行，或者先施工沉入桩，后施工灌注桩。

根据地质情况和施工经验，钻孔灌注桩一般采用C25级混凝土，使用GPS-10型和GPS-15型钻机，成孔时采用原土造浆正循环方法。对于ø1500 mm桩，在钻进到孔的设计深度后使用反循环泵进行清洗。当桩尖持力层为粉细砂层且孔径较大时，为保持孔壁稳定，防止孔底坍塌，钻进时采用较浓的泥浆。特别是在孔深30 m以后进入粉细砂层时，泥浆相对密度应在1.25～1.35 g/cm^{3}之间，待灌注混凝土前的二次清孔时再将相对密度应调整至规范允许值。当钻进到设计高程后，利用钻机反循环系统的泥浆泵持续吸渣，使孔底沉渣基本清除，并同步灌入相对密度应较小的泥浆。

钻孔灌注桩的施工，因其所选护壁形式的不同，有泥浆护壁方式和全套管施工方式两种。

（1）泥浆护壁施工

冲击钻孔、冲抓钻孔和回转钻削成孔等均可采用泥浆护壁施工，施工的过程是：平整场地—泥浆制备—埋设护筒—铺设工作平台—安装钻机并定位—钻进成孔—清孔并检查成孔质量—下放钢筋笼—灌注水下混凝土—拔出护筒—检查质量。

（2）全套管施工

全套管施工的施工过程是：平场地—铺设工作平台—安装钻机—压套管—钻进成孔—安放钢筋笼—防导管—浇注混凝土—拉拔套管—检查成桩质量。

（三）承台的施工

承台的施工放样采用极坐标方法，在临近的高层顶上设置控制点，然后由上至下投点。这样既可以控制较大的区域，又可以避免视线受阻的影响。承台轴线的临时控制点，应校正后再使用。

承台土方开挖到桩顶标高时，要改为人工挖土，避免抓斗破坏桩头。为防止土方塌陷，应采取放坡、加木支撑等支护方式。当承台位于边滩范围内、承台底标高高于边滩底标高时，挖去剩余淤泥，填充碎石，应清理积水后再浇注混凝土。

承台可采用大型木模板，拼装时采用拉条螺栓，拆模后凿除外露螺栓，并用砂浆修补。在有条件的情况下也可采用钢模板。

二、墩(台)的上部施工

墩(台)的上部施工主要是指墩(台)身和墩(台)帽的施工。墩(台)是高架结构的重要组成部分，墩台施工工程量大，高空作业多，其施工质量的好坏直接关系到上部结构的制作与安装质量，并且影响高架结构的使用安全。地铁与轻轨高架结构墩(台)施工常用现场浇筑混凝土墩(台)，也可使用预制装配法建造墩(台)。

(一)墩(台)身的施工

1.现场浇筑混凝土墩台施工

现场浇筑混凝土墩台施工有两个主要工序，即制作与安装墩台模板和混凝土浇筑。现场浇筑混凝土墩台施工有三种基本方法：

(1)分节立模，间歇灌注法

将墩台沿高度分成若干节，分别制作各节模板。自底节开始，立一节模板，灌注一节混凝土，待混凝土强度达 1 200 kPa 后，再立第二节模板，灌注第二节混凝土，这样逐节升高，直至墩台灌注完毕。此法的优点是需要的设备简单，其缺点是施工速度较慢，适用于一般高度的墩台。施工接缝处应安插接头短钢筋或埋接缝石，以提高墩台的整体性。

(2)分节立模，连续灌注法

在灌注第一节墩台混凝土时，同时在地面将第二节模板拼组好，待第一节混凝土灌注完后，立即将第二节模板整体吊装，并在混凝土允许间隔时间(一般为 2 h)内安装完毕，继续灌注第二节混凝土，如此循环直至墩台灌注完毕。此法施工速度快，墩台整体性好，但应有相应的起吊设备。

(3)滑动模板施工

滑动模板是用一节模板连同工作脚手架以整体形式安装在基础顶面，依靠自身的支撑部分和提升系统，在灌注混凝土的同时，模板也慢慢向上滑升，这样可连续不断地灌注混凝土。墩台整体性好，施工速度快，高空施工安全。

2.装配式墩台施工

装配式墩台的优点是;结构形式轻便、建桥速度快，对现有交通影响少，圬工省，预制构件质量有保证等。目前常用的有砌块式、柱式、管节式或环圈式墩台等。

装配式墩台的施工是组件在工厂或工地集中预制，再送到现场装配成墩的形式。

(二)墩(台)帽的施工

墩帽是桥墩顶部的传力部分，它通过支座承托上部结构，并将荷载传递到墩身上。因此，墩帽本身应有足够的强度，墩帽多用强度等级为C20及以上的混凝土，并加配构造钢筋或采用钢筋混凝土(采用钢筋混凝土时，混凝土不低于C25)做成。

在施工时，要注意墩(台)帽混凝土浇筑前，必须对墩(台)中线、标高及各部位尺寸进行复核，并准确放样，标出预留孔道、预埋件位置，并对基面进行凿毛清理干净。钢板预埋件应设排气孔，混凝土应加强振捣防止空鼓，振捣时不得碰撞预埋件。

三、桥跨施工

桥跨结构施工方法常用的有现场就地浇筑施工和预制装配式施工，下面介绍梁式桥跨结构的施工。

(一)梁式桥的就地浇筑施工

其工序为:搭设支架—安装模板—绑扎钢筋—浇筑混凝土—养生—

拆卸模板与支架。

1.支架

支架按其构造分为立柱式、梁式及梁柱式三种。

(1)立柱式支架

立柱式支架构造简单,可用于陆地或不通航河道以及桥墩不高的小跨径桥梁施工。支架通常由排架和纵梁等构件组成。排架由枕木或桩、立柱和盖梁组成。

(2)梁式支架

根据跨径不同,梁可采用工字钢、钢板梁或钢桁架,一般情况下工字钢用于跨径小于10 m、钢板梁用于跨径小于20 m、钢桁梁用于跨径大于20 m的情况。梁可以支撑在墩旁支柱上,也可支撑在桥墩预留的托架上或支撑在桥墩处的横梁上。

(3)梁柱式支架

当桥梁必须在支架下设置孔道通行时可采用梁柱式支架。梁支撑在桥墩台及临时支柱或临时墩上,形成多跨的梁柱式支架。

2.模板

就地浇筑桥梁的模板常用木模和钢模。模板形式的选择主要取决于同类桥跨结构的数量和模板材料的供应情况。当建造单跨或多跨不同桥跨结构时,一般采用木模;当有多跨同样的桥跨结构时,可采用大型模板块件或用钢模。

3.混凝土的浇筑

在浇筑混凝土前要进行周密的准备和严格的检查。准备工作主要是对各种施工设备进行试运转,以防止在使用中发生故障,并对支架、模板、钢筋和钢索位置等进行检查。

(1)简支梁桥混凝土的浇筑

分层浇筑:对于跨径不大的简支梁桥,可在一跨全长范围内分层浇筑,在跨中合龙。分层的厚度由振捣器的能力而定,一般选用15~30 cm;当采用人工捣实时,可选15~20 cm。

斜层浇筑:简支梁桥的混凝土浇筑应从主梁的两端用斜层浇筑法向跨中浇筑,在跨中合龙;当采用梁式支架、支点不设在跨中时,则应在支架下沉量大的位置先浇混凝土,使应该发生的支架变形及早完成。采用斜层浇筑时，混凝土的倾斜角与混凝土的稠度有关，一般可用20°～25°。当桥梁跨径较大时，可先浇筑纵横梁，待纵横梁完成浇筑后，再沿桥的全宽浇筑桥面混凝土，在桥面与纵横梁间应设置工作缝。对于中大跨径预应力简支箱梁，可分两次浇筑，第一次浇腹板顶部，第二次浇筑顶板及翼缘板，这样施工便于布索及绑扎钢筋。

单元法浇筑：当桥面较宽且混凝土数量较大时，可分成若干纵向单元分别浇筑。每个单元可沿其长度分层浇筑，在纵梁间的横梁上设置连接缝，并在纵横浇筑完成后填缝连接。

(2)悬臂梁和连续梁混凝土的浇筑

悬臂梁和连续梁的桥跨结构在支架上浇筑时，由于桥墩为刚性支点，桥跨下的支架为弹性支撑，在浇筑时支架会产生不均匀沉降，因此在桥墩处应设置接缝，待支架沉降稳定后，再浇筑墩顶处的接缝混凝土。大跨径梁桥，除在桥墩处设置接缝处，还可在支架的硬支点附近设置接缝。

梁段间的接缝一般宽0.8～1.0 m，两端用模板间隔，并留出分布加强钢筋通过的孔洞。浇筑接缝混凝土时先将两端面浮浆除掉、凿毛，用清水冲洗后，再绑扎接缝分布钢筋，浇筑接缝混凝土。当悬臂梁设有挂梁时，须待悬臂梁混凝土强度达到设计强度的70%以上时方可进行挂梁施工。

(3)混凝土养护、预应力筋张拉及模板拆除

混凝土浇筑完成后进行养生能促使混凝土硬化，并在获得规定强度的同时，防止混凝土干缩引起的裂缝，防止混凝土受雨淋、日晒、受冻及受荷载的振动、冲击。由于混凝土在硬化过程中发热，在夏季和干燥的气候下应进行湿润养生，而冬季则主要保护其不受冻，采用加温养生。

预应力筋张拉：后张法预应力混凝土梁，须待混凝土强度达到设计要求后(强度达到设计强度的70%以上)才能进行张拉。

模板拆除及卸架：一般要在混凝土达到设计强度的25%以后，拆除侧模，当混凝土强度不小于设计强度的70%以后，方可拆除梁的其他模板。

对于预应力梁，应在预应力筋张拉完毕或张拉到一定数量后再拆除模板，以免梁体混凝土受拉。

梁的落架程序应从梁挠度最大处的支架节点开始，逐步卸落相邻两侧的节点，并要求对称、均匀、有顺序地进行；同时要求各节点应分多次进行卸落，以使梁的沉落曲线逐步加大。通常简支梁和连续梁可从跨中向两端进行；悬臂梁则应先卸落挂梁及悬臂部分，然后卸落主跨部分。

（二）装配式钢筋混凝土梁桥的桥跨施工

装配式钢筋混凝土梁桥的桥跨施工包括分片或分段构件的预制、运输、安装三阶段。桥梁的预制构件一般在预制场或预制工厂内进行，再由运输工具运至桥位安装。横向分片预制件可采用吊机或架桥机架设；纵向分段在桥头串联张拉后，用吊机或架桥机架设。

1.装配式梁桥的特点

采用预制安装法施工的装配式梁桥与就地浇筑的整体式梁桥相比较，有下列特点：

（1）加速施工进度

由于装配式梁桥的梁片预制可与桥梁下部结构同时施工，对加速施工进度、缩短施工工期效果明显，从而减少了对城市的影响。

（2）节省支架、模板

装配式梁桥常采用无支架或少支架施工，预制场采用钢模板浇筑预制件，模板可反复使用，达到节约木材的目的。

（3）提高工程质量

装配式梁桥的预制梁片可以标准化，采取钢模板使梁体表面光洁美观，生产流程可以达到自动化、机械化，振捣及养生均能达到理想要求，对梁体质量有较高保证。

（4）需要吊装设备

预制梁片一般采用汽车吊、履带吊机、浮吊进行吊装架设，桥梁较长时可采用架桥机架设。

（5）结构用钢量较大。

2.装配式构件的预制工艺

（1）按构件预制时所处的状态可分立式预制和卧式预制两种：等高度的T梁和箱梁在预制时采用立式预制，这样构件在预制后即可直接运输和吊装,无需进行翻转作业。对于变高度的梁,宜采用卧式预制,这时可在预制平台上放样布置底模,侧模高度由梁宽度决定,便于绑扎钢筋和浇筑混凝土,构件尺寸和混凝土质量也易得到保证。卧式预制的构件需在预制后翻身竖起,一般构件在起吊之后进行翻身的操作。

卧式预制可分为单片预制和多片叠浇。单片预制就是在构件预制的底座上先预制一片构件,待其吊离后再预制第二个同规格的构件。多片叠浇则是在同一底座上预制数片构件,在前一片上涂脱模剂后再浇筑后一片,以前一片做后一片的底模。

(2)构件预制方法按作业线布置不同可分固定式预制和活动台车预制两种方法。固定式预制是指构件在整个预制过程中一直使用一个固定底座,立模、绑扎钢筋、浇筑和养护混凝土等各个作业依次在同一地点进行,直至构件最后制成被吊离底座。一般规模桥梁工程的构件预制大多数采用此法。在活动台车上预制构件时,因台车上具有活动模板(一般为钢模板),能快速地装拆,当台车沿着轨道从一个地点移动到另一个地点时,作业也就按顺序一个接一个地进行。预制场布置成一个流水作业线,构件分批地进入蒸养室进行养护。如果是后张式预应力构件,则从蒸养房出来后,即进入预应力张拉作业点。用这种方法预制构件,可采用强有力的底模振捣和快速有效的养护,使构件的预制质量和速度大为提高。这种方式适用于大批或永久性制造构件的预制工厂采用。

(3)预应力构件按预制工艺不同可分为先张法和后张法两种。先张法需张拉台座,所以一般在预制场进行。在台座上绑扎钢筋,布置预应力束(筋),利用张拉台座张拉预应力束并锚固,再浇筑梁体混凝土,待混凝土强度达到规定要求后在梁体外切割预应力束(筋)。后张法是先在梁体内按设计要求预留预应力束(筋)孔道,然后浇注混凝土,待梁体混凝土达到规定强度时,再在预留孔道内穿预应力束(筋),并进行张拉、锚固,最后在管道内进行压浆。所以后张法预应力构件可在现场进行制造。桥位现浇箱梁均采用后张法工艺。

3.预制梁的出坑和运输

预制构件从预制场的底座上移出来,称为“出坑”。钢筋混凝土构件在混凝土强度达到设计强度70%以上,预应力混凝土构件在预应力张拉以后才可出坑。构件出坑方法，一般采用龙门吊机将预制梁起吊出坑后移到存梁处或转运至现场，如简易预制场无龙门吊机时，可采用汽车吊机起吊出坑，或用横向滚移出坑。

预制梁从预制场至施工现场的运输称为场外运输，常用大型平板车运至桥位现场。预制梁在施工现场内运输称为场内运输，常用龙门轨道运输、平车轨道运输和平板汽车运输，也可采用纵向滚移法运输。

4. 预制梁的安装

预制梁常采用龙门吊机、汽车吊机及履带吊机进行安装，跨越河流的高架预制梁安装常用穿巷吊机安装、浮吊安装及架桥机安装等。

第三节　高架车站施工

高架车站由于具有桥梁的特性，与普通框架结构有着显著的区别。车站框架属于长纵向结构，车站长度要远大于宽度（一般宽度在 20 m 以内，长度可以接近 200 m）。高架车站可以采用现浇钢筋混凝土框架结构和钢结构等。本节以广州地铁 4 号线的钢结构高架车站为案例介绍钢结构高架车站的安装施工技术。

广州市地铁 4 号线从新造至金洲段共 8 个高架车站，站台部分全部采用钢结构。设计造型各有不同，但结构形式基本为门式刚架结构，主要采用焊接变截面 H 型钢，但刚架全部为弧形结构。而刚架与基础采用铰接的形式，钢结构施工技术难度较大，针对各站的设计不同，现场采用了不同的吊装工艺。

一、工程特点和难点

石碁站工程主要特点是施工场地狭窄，高架桥已施工完成，吊装条件差，采用机械吊装难度大，而且多采用分段吊装，临时支撑在受力、吊装精度方面要求较高。由于设计柱脚处为铰轴连接，测量定位困难，必须采用先进的仪器进行跟踪测量校正。

二、吊装方案选择

由于各高架车站的结构形式基本一样，因此根据工程特点、结构形式、构件重量及场地情况确定钢结构吊装方案，采用“整体分段拼装、整体分段吊装、单侧整体吊装和散件吊装相结合”的工艺进行。主吊机械沿着结构外侧进行吊装，在地面上布置1台80 t汽车吊用于主刚架吊装，1台50 t汽车吊用于次刚架、连梁及檩条的吊装。同时在桥面轨行区内布置1台25 t轮胎吊，负责轨行区间部分次刚架及支撑等构件的吊装。

三、施工程序

（一）主刚架拼装

依据吊装方案，大部分构件在工厂内分段制作，现场拼装。为了保证吊装精度，现场依据工厂制作工艺图进行放样，并将其放样在刚性平台上，下面采用路基板作为拼装基础，在路基板上吊装台架，保证刚架拼装时的精度，同时对焊接变形起到控制作用。

（二）吊装工艺

1.刚架分段

刚架分段基本以高低跨刚架分别作为一个吊装段，中间腹杆为散件吊装，每段达18 t。分段吊装难度大，但此分段既减少临时支撑数量，又可减少空中对接焊缝数量，有利于保证焊接质量，同时可节省机械台班费用。

2.索具的确定

主刚架拼装后总长度达40 m，其形状为“7”字形。吊装时重心计算相当复杂，一次便找准吊点是困难的。为了准确确定吊点位置及索具的长度，充分利用CAD实体求出构件的重心，这一方法比以往的计算要简单，而且比较准确。由于主刚架截面大，其吊装点位置间距不宜过大，而间距越小，索具受力越有利。在实际施工中，为确保构件在吊装中不产生变形，起吊时配合1台25 t汽车吊进行翻身。

3. 吊装步骤

基座—临时支撑—低跨主刚架吊装—腹杆吊装—高跨主刚架吊装—次刚架、连梁、中间檩条吊装。

（1）支座吊装

由于支座是主刚架的主要基础部分，其吊装精度必须达到要求，如支座出现标高误差时，会造成刚架整体旁弯。支座标高调整可通过螺母进行调节，待整个支座调整好后，再进行复测，复测无误后焊接限位挡板，然后进行高强无收缩料灌浆，达到强度后再进行刚架吊装。

（2）临时支撑吊装

主刚架吊装前先吊装临时支撑，临时支撑高度较低，一般 8 m 左右，在吊装过程中相当于主要受力柱，其不仅要求吊装位置准确，而且必须达到受力要求。临时支撑采用 100×6 角钢制作成 2 000 mm×2 000 mm 的格构式柱，部分采用 ø 273 mm×8 mm 无缝钢管作为立柱。临时支撑采用 50 t 汽车吊在站台下面两侧进行吊装，吊装后采用 4 根缆风绳从四个方向加以固定，吊装时必须采用全站仪跟踪测量，保证主刚架准确落在临时支撑上，而且须达到轴心受压。临时支撑下面的底座可直接落在轨行区中间道床板上，但下面需利用木板或橡胶板进行保护，防止道床板破坏。

（3）主刚架吊装

当临时支撑就位固定后，进行主刚架吊装，主刚架吊装首先要进行翻身。翻身在整个刚架吊装过程中是难度最大的工序。吊装时采用 2 台吊车，其中 1 台主吊机械，1 台配合机械。主吊机械在翻身后直接起吊，配合机械在翻身后配合主吊机械进行起吊，当主吊机械起吊至一定位置，且主刚架离开地面时，配合机械缓慢松钩。当主吊机械转动主臂，配合机械吊索不再受力时，将配合机械移走，由主吊机械完成主刚架的就位。

在主刚架吊装时，首先吊装低跨主刚架，低跨主刚架吊装就位并进行测量校正后，进行低跨主刚架之间连梁的吊装，同时进行顶部两端腹杆的吊装。腹杆吊装后即可吊装高跨主刚架，高跨主刚架吊装同低跨基本相同。但高跨主刚架吊装直接就位于高低跨之间的腹杆上，校正准确后再进行其他腹腔杆的安装。

（4）主刚架校正

当主刚架吊装就位后，利用全站仪定位测量。测量准确后，在临时支架上焊接支托板，将刚架直接落在临时支架托板上。

为避免卸载后桁架标高低于设计标高，在吊装时采用预起拱的方案，将主刚架的顶标高调高30 mm左右，以保证刚架卸载后标高基本与设计相近。校正主要从两个方面加以控制，即轴线和标高。

校正轴线主要是利用刚架上的两根缆风绳加以控制，标高控制以千斤顶作为主要调节工具。当标高与轴线全部准确后，将刚架与临时支撑挡板加以点焊固定，同时将下面铰支座与预埋件固定。

（5）次刚架、连梁、檩条吊装

主刚架吊装校正后，进行次刚架及檩条的吊装，其吊装比较简单，基本吊装原则是从中间向两端吊装。中间部分次刚架及檩条主要采用轨行区上面的25 t轮胎吊，其移动方便，基本不受轨行区道轨的影响。

（6）焊接施工

所有车站结构的对接焊缝均为一级焊缝，其他焊缝多为二级焊缝，檩条为三级焊缝，焊接工程量大。钢材材质全部为Q345B低合金钢，焊材选用E5015系列焊材。高空焊接多采用手工电弧焊，施工中均实行了三检制度，以保证焊接质量。

四、卸载方案

作为大跨度钢结构，采用分段吊装时应设计卸载工艺。由于卸载过程是一个力的传递和受力体的转换过程，因此是一个动态过程。在此过程中，力的传递与受力体的转换必须遵循“合理、有序、平稳、缓慢、均匀”的原则。卸载主要采用液压千斤顶作为卸载工具。首先将千斤顶全部置于临时支撑托梁上，即刚架梁下面，并与托梁加以固定，然后同时开始顶升千斤顶。当千斤顶顶紧刚架后，利用割枪将托板割掉，最后同时放松千斤顶。

卸载时要统一指挥，保证同步且严格执行卸载方案，不可一次性卸载完成，应分两步进行卸载。卸载时要全程进行跟踪测量和监控。

第八章　无砟轨道施工

第一节　无砟轨道概述

轨道是轨道交通运营设备的基础，它直接承受列车荷载，并引导列车运行。对于有砟轨道而言是将钢轨用连接件固定在轨枕，轨枕埋设在道砟内。而无砟轨道则是通过连接件将钢轨与混凝土道床或桥面直接连接起来，以便更能满足城市轨道交通维修量小、运营时间长和维修时间短的要求。

一、无砟轨道的类型

按照无砟轨道结构分类，可分为整体结构式和直接支撑结构式。整体结构式是指支承钢轨的混凝土块与混凝土基础浇筑或预制成为一体，所以按照建造工艺又可分为现浇混凝土式和预制板式。直接支撑结构式是指在基础上直接铺设无砟轨道的一种结构。

按照钢轨支承方式可分为间断支承式和连续支承式两种方法。

二、无砟轨道的特点

（一）良好的结构连续性和平顺性

有砟轨道采用均一性较差的天然道砟材料，在列车荷载作用下其道床肩宽、砟肩堆高、道床边坡、轨枕间距及轨枕在道床中的支承状态相对容易变化，并导致轨道几何形变。

无砟轨道的下部基础、底座、道床板（或CA砂浆调整层）均为现场工业化浇筑，双块式轨枕、轨道板、微孔橡胶垫层、轨下胶垫、扣件、钢轨等均为工厂预制件或标准产品，可以保证其性能有较好的均一性。由此组成的轨道整体结构与有砟轨道相比具有更好的结构连续性和弹性均匀性，为提高轨道的平顺性，改善乘车质量提供了有利条件。

（二）良好的结构恒定性和稳定性

无砟轨道结构中，作为无缝线路稳定性计算参数的轨道横向阻力、轨道纵向阻力不再依赖于材质和状态多变的有砟道床，其整体式轨下基础可为无缝线路提供更高和更恒定的轨道纵、横向阻力，具有更好的耐久性和更长的使用寿命。

（三）延长维修周期和轨道使用寿命

无砟轨道维修工作量大大减少，被称为“省维修”轨道，为延长线路的维修周期和列车的高密度、准点正常运行提供重要保证。

城际间线路的行车速度高、密度大，所有线路地面检查、维修作业都必须在“天窗”时间内进行。

无砟轨道采用整体式轨下基础，与采用散粒体结构的有砟道床基础相比，在列车荷载作用下不会产生道砟颗粒磨耗、粉化、相对错位所引起的道床结构变形；在列车荷载反复作用下不会产生变形积累，使轨道几何尺寸的变化基本控制在轨下胶垫、扣件及钢轨的松动和磨损等因素之内，从而大大降低轨道几何状态变化的速率，减少养护维修工作量，延长维修周期和轨道使用寿命。

（四）减少工务养护和维修设施

由于维修工作量减少，可以延长每个综合维修中心和维修工区的管辖范围，从而减少维修部门的数量。同时也可相应减少每个部门配置的维修机械、停车股道数量和房屋等设施。

（五）免除高速条件下有砟轨道的道砟飞溅

行车试验表明：行车速度达到250 km/h时，道砟出现飞砟现象，造成车辆转向架部分的车轴、制动缸等被道砟打击（这种飞砟现象与线路开通前道床表面细砟、粉尘较多也有一定的关系）。根据法国TGV铁路的运营经验，有砟轨道在列车速度达到350 km/h时，出现较严重的道砟飞溅现象，将速度降到320 km/h时，飞砟现象才有所改善。此外，在严寒冬季，冻结在车体下部的冰块融化时，冰块打在道砟上，溅起的道砟会打坏钢轨踏面。另外，在进行道床维修施工作业后，由于表层道砟松散，粉粒较多，也会产生飞砟，此时要求限速170 km/h行车。法国TGV铁路在严寒多雪地区，为了防止下雪天因道砟表面裹雪被列车风吹起，曾采取过在道床表面喷洒乳胶和雪天降速运行等措施。

采用无砟轨道之后，就可以完全免除道砟飞溅的顾虑。

（六）有利于适应地形选线，减少线路的工程投资

无砟轨道的纵、横向稳定性较之有砟轨道大大增加。在选线困难的地段可以利用无砟轨道能承受较大轮轨横向力的有利条件，在保证舒适度的前提条件下，适当放宽曲线允许超高、欠超高的限制，减小最小曲线半径，从而有利于选线，减少工程量。

由于轨道建筑高度小，所以在隧道内可减少隧道净空，在桥梁上可减少桥梁的建筑高度，降低了工程造价。

第二节　无砟轨道的构造

在城市轨道交通工程和城际轨道交通工程中，常用的无砟轨道有：板式无砟轨道、双块式无砟轨道和长枕埋入式无砟轨道。

一、板式无砟轨道的构造

板式无砟轨道的优点：①轨道建筑高度低，自重轻，造价低，组装、施工进度快；②适宜工厂化、机械化生产，劳动强度低；③采用乳化沥青砂浆作为轨道板与混凝土基础板的隔离层和调整层，便于对轨道施工中产生的误差进行控制和调整，也便于修复。为此，板式无砟轨道被广泛应用于路基、桥梁、隧道和路桥过渡段。

(一)板式无砟轨道的类型

板式无砟轨道一般分为普通型和减振型两种,普通型板式轨道由钢轨、扣件、预制混凝土轨道板(简称轨道板)、乳化沥青水泥砂浆调整层(简称CA砂浆调整层)、混凝土凸形挡台(简称凸形挡台)及混凝土底座(简称底座)等部分组成,如图8-1所示。凸形挡台周围采用树脂材料充填。扣件铁垫板上设置充填式垫板。减振型板式轨道的结构组成除在轨道板底面设置橡胶垫层外,其余与普通型板式轨道相同,如图8-2所示。

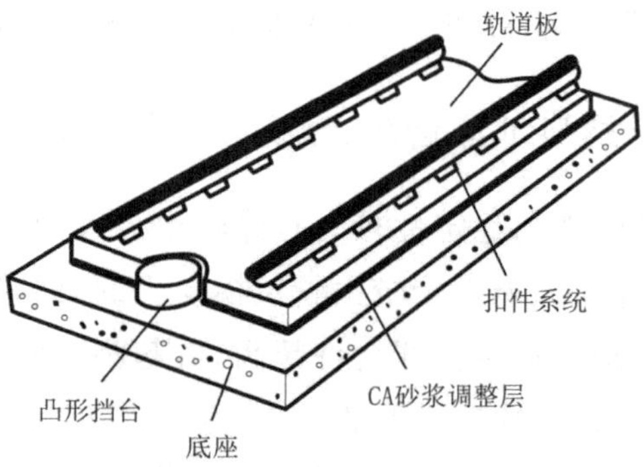

图8-1 普通型板式轨道

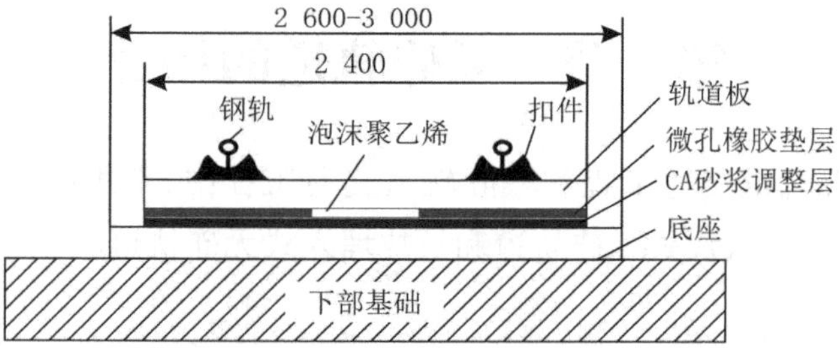

图8-2 减振型板式轨道(单位:mm)

(二)板式无砟轨道的设置要求

1.路基上板式无砟轨道

(1)在路基面构筑的混凝土支承层上,直接构筑混凝土底座与凸形挡台。厚度与宽度范围应根据结构承载能力、荷载传递特性及道床厚度确定。通常,路基上支承层宽度为3 200～3 800 mm,厚度根据支承条件来计算确定,但不得小于300 mm。每隔2个板单元设1个横向伸缩缝,宽度为20 mm,用沥青板填充。

(2)由于板式轨道底座直接构筑在混凝土支承层上,因此在过渡段区域的混凝土支承层应预埋与底座间连接的钢筋。

(3)为防止地面水渗入路基,对混凝土支承层两侧的路基面,应采取沥青混凝土封闭或其他防水措施。在施工过程中,还应注意支承层两侧与防水层搭接处的防水处理。

2. 隧道内板式无砟轨道

与路基、桥梁相比,隧道基础为无砟轨道应用提供了较好的承力层,除过渡段外,与路基上的无砟轨道相比要简单得多。此外,隧道内板式无砟轨道还具有温差小、紫外线强度弱等优点。借鉴日本板式轨道在隧道内的应用经验,以及我国隧道内板式无砟轨道的试验,得出隧道内无砟轨道底座与凸形挡台可直接在隧道基底回填层上构筑的结论。

隧道内板式无砟轨道底座混凝土伸缩缝的设置:洞内每3个轨道板单元处(约15 m)设置1个;洞口向内延伸200 m范围内,约每5 m处设置1个。为保证与隧道沉降缝变形协调,在沉降缝处,底座对应设置伸缩缝。

双线线路中心积水可通过底座内预埋横向排水管与外侧水沟相连来解决。排水管的直径及设置间隔则根据隧道具体水文情况确定。

3. 桥上板式无砟轨道

轨道在路基纵向可以认为是不移动的,但是桥梁却由于制动力、牵引力和温度荷载的影响会产生纵向位移。无砟轨道在与桥梁进行力的传递时,在桥梁上部结构和轨道上部结构的过渡区,会因为端部的扭转及下部的变形在轨道上出现向上的力。

高架桥上板式轨道的底座直接在桥面上构筑,为保证无砟轨道结构与梁体的可靠连接,实现梁体与无砟轨道道床间结构变形的协调,在混凝土底座范围内的桥面,应设置一定数量的连接钢筋。连接钢筋的数量应根据无缝线路纵向力的大小及无砟道床与桥面间的摩擦力大小来确定。

根据桥上无砟轨道技术条件的要求，应尽量减小梁端转角和变形对扣件系统的影响，轨道板、道床板结构端部距第一个扣件节点中心，必须控制在250 mm以上。

（三）板式无砟轨道的构造

1. 轨道板

轨道板的形式尺寸既要考虑轨道受力均匀，又要兼顾在制造、装载运输及施工时的可操作性。轨道板的宽度首先要满足结构及制造工艺要求，其次要考虑传递列车荷载的有效范围，并尽可能减少传递到板下结构的荷载应力及作用在板上的弯矩。减少轨道板的宽度，则板的横向正弯矩减小，纵向弯矩及横向负弯矩将增大。

轨道板的厚度主要由结构强度及配筋要求决定，在结构强度允许的范围内，一般取板厚度为190 mm。

考虑到方便铺设及维修，在板两端的中部设置半圆形缺口，以便配合设在底座上的凸形挡台。

2. 底座

混凝土底座是板式轨道的支承基础，其主要功能有：①修正在无砟轨道施工前下部基础（如桥梁上拱、路基沉降）的变形与施工偏差；②实现曲线地段板式轨道的超高设置。底座宽度的设计应在保证结构强度的前提下，考虑板式轨道施工设备和机具的使用，其厚度和配筋应根据下部基础的变形（如桥梁的跨中挠度、路基承载力，以及不均匀沉降等）条件来确定。由于缓和曲线地段的超高是逐渐变化的，每个底座单元的高度应根据超高变化合理设置。底座宽度为2 600 ~ 3 000 mm，厚度根据具体铺设区段的基础支承条件计算确定。底座伸缩缝对应凸形挡台中心位置，宽度为20 mm，用沥青板填充。

曲线超高在底座上设置，缓和曲线及圆曲线范围的底座厚度根据实际设计超高计算确定。根据我国板式轨道的设计经验，要求底座的最小厚度为100 mm，特别是曲线地段的内轨一侧，由于下部基础的施工偏差，为保证CA砂浆调整层的厚度，很容易造成底座厚度的不足，这点除了在设计中给予考虑外，在下部基础施工过程中应严格控制顶面高程偏差。

3. 凸形挡台

凸形挡台作为板式轨道的一个重要组成部分，其主要功能是限制轨道板的纵、横向位移。设计采用圆形截面，外形必须与轨道板相匹配。

凸形挡台顶面应与大板顶面基本保持同一高度，既能保证板端面受力均匀，又不凸出过高，凸形挡台高度为250 mm。凸形挡台周围采用弹性好、强度高的树脂材料替代CA砂浆。

底座内应预设与凸形挡台的连接钢筋。凸形挡台的结构配筋应考虑线路最大纵向力、横向力，以及与底座间的连接要求。

凸形挡台是板式轨道的限位装置，直接承受线路的纵向力和横向力。为便于现场施工，板式轨道底座与凸形挡台所用混凝土的强度等级一致。

4.CA砂浆调整层

通常采用乳化沥青水泥(CA)砂浆作为填充调整层材料。该材料将水泥砂浆具有的强度、耐久性与沥青砂浆具有的弹性结合起来成为一种合成材料，以满足充填轨道板与底座空隙的要求，并具良好的施工性、有足够的强度、耐久性、稳定性及相应的弹性。在满足结构受力的前提下，普通型和减振型板式轨道的板下CA砂浆调整层厚度分别为50 mm和40 mm。

5. 板下橡胶垫层

在无砟与有砟轨道过渡段及特殊减振区段，应采用减振型板式轨道。减振型板式轨道采用在钢轨下部轨道板底粘贴橡胶垫层、线路中部轨道板底设泡沫聚乙烯中空材料的方式构成，其厚度均采用20 mm。

6. 充填式调高垫板

当板式轨道应用于轨面标高渐变的缓和曲线与竖曲线地段时，最小厚度为2 mm的轨下调高垫板，难以实现对板长范围内轨道不平顺的精细调整，必须有与板式轨道相配套的充填式无级调高垫板，以实现对快速线路的高平顺性要求。因而研制出了充填式调高垫板。

充填式调高垫板在日本新干线板式轨道结构上得到广泛应用。在其所修建的山阳新干线中，由于大量采用板式轨道，因此研制出一种内腔充填树脂(PV101型)的囊袋式无级调高垫板,用来精细调整轨面的高低。其安放位置:①直结4型不分开式扣件插入轨下垫板与轨道板之间;②直结5、7、8型分开式扣件,插入轨下垫板与铁垫板之间。

二、双块式无砟轨道的构造

由于双块式无砟轨道的道床为现场混凝土浇筑,且便于施工,道床板与底座的宽度设计一致,适合在各种环境条件下铺设。

(一)双块式无砟轨道的组成

双块式无砟轨道由钢轨、扣件、双块式轨枕、道床板、底座(路基和隧道区段可不设)等五部分组成,如图8-3所示。

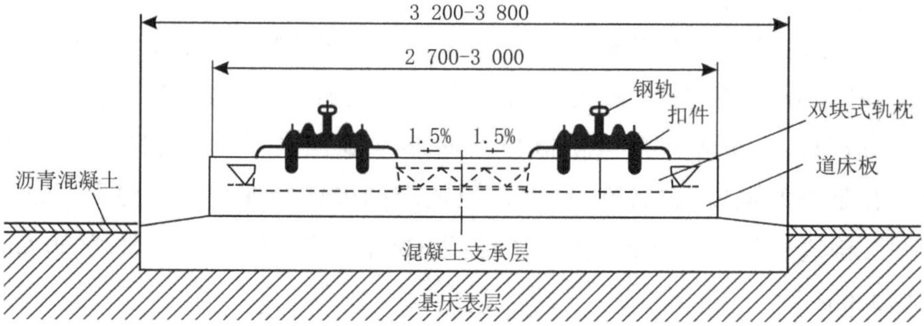

图8-3　双块式无砟轨道结构组成(单位:mm)

(二)双块式无砟轨道的设置要求

1.路基上双块式无砟轨道

(1)在路基基床结构的表层(级配碎石层)构筑混凝土支承层,混凝土支承层的宽度一般在3 200～3 800 mm,其厚度一般不小于300 mm。伸缩缝采用20 mm厚的沥青板进行填充,伸缩缝间距为10 m左右。

(2)道床板结构直接在混凝土支承层上构筑。在过渡段区域(如路桥、路隧等),混凝土支承层内应预埋与道床板间的连接钢筋,以增强结构的整体性。

（3）混凝土支承层两侧的路基面采用沥青混凝土封闭或其他防水措施。

2. 隧道内双块式无砟轨道

（1）隧道内道床板直接在隧道基底回填层上构筑。

（2）由于隧道内温度变化小，道床板混凝土伸缩缝的间距可适当增大，在洞口附近200 m范围内，温度变化较大，伸缩缝间距应缩小。隧道内的道床板每隔3个板单元设一个横向伸缩缝。距隧道洞口200 m范围内，每隔一个板单元设一个横向伸缩缝。伸缩缝位置应结合隧道内沉降缝设置。

3. 桥上双块式无砟轨道

（1）无砟轨道结构设有底座，直接在桥面上构筑，并通过梁体预埋钢筋与桥梁相连。

（2）对于桥上双块式无砟轨道的混凝土底座，应在每个底座单元的端部设置凹槽，以限制上部道床板的纵、横向位移。凹槽尺寸应根据桥上无缝线路纵向力、横向力的最大值计算确定。支承层两侧的路基面上应采取沥青混凝土封闭或其他防水措施。

（3）底座与道床板之间应设置隔离层。

（三）注意事项

由于双块式无砟轨道的道床板为混凝土现浇，且便于施工，道床板与底座的宽度要求一致，根据下部基础条件、外荷载的大小以及荷载传递情况确定道床板的宽度。为保证变形协调，底座与道床板伸缩缝位置应一致。

（1）双块式无砟轨道道床板长度相对板式轨道要灵活一些，其长度可根据具体地段、扣件节点间距以及道床板端部距第一个扣件节点中心距离不小于250 mm等条件确定，在路基和隧道区段双块式无砟轨道道床板长度一般在4 000 ~ 6 000 mm，扣件节点间距为625 mm，道床板宽度为2 700 ~ 3 000 mm。

桥上道床板与底座的标准长度为4 856 mm，扣件节点间距为617 mm。相邻道床板及相邻底座的间隔缝除梁跨端部外均为80 mm。

道床板宽度与路基一致。

（2）在直线或曲线超高较小的区段，道床板表面设横向人字坡，而在曲线超高较大的地段，道床板表面应设单面坡。一般区段道床板表面设1.5%的横向人字坡。

（3）道床板的厚度和配筋应根据下部基础的支承条件（如桥梁的跨中挠度、路基承载力及不均匀沉降等）以及轨道电路设计中钢轨阻抗参数的设计要求确定。

三、长枕埋入式无砟轨道

长枕埋入式无砟轨道适用于道岔区铺设。本节就此种无砟轨道的结构组成及施工技术要点等方面进行说明。

（一）长枕埋入式无砟轨道的组成

长枕埋入式无砟轨道由钢轨、扣件、轨枕、道床板及混凝土支承层等部分组成。

（二）长枕埋入式无砟轨道的设置要求

1. 在路基基床上构筑混凝土支承层，支承层内应预埋与道床板的连接钢筋。

2. 道岔道床板的宽度、钢轨支点间距根据上部道岔结构尺寸确定。

3. 道床板表面应设横向排水坡。道岔区的混凝土道床宽度相对较大，表面排水坡度应根据道床板在道岔区的具体位置确定。

4. 道床板混凝土强度等级不小于C40。

5. 道床板扣件铁垫板与混凝土道床板的连接应稳定可靠。

6. 道床板长度宜在4 000～6 000 mm范围内，板间设20 mm的伸缩缝，用沥青板填充。伸缩缝宜避开牵引点、钢轨接头处至少为1.2 m。道床板表面设置横向排水坡。

7. 道岔区范围内的轨道刚度应合理匹配。目前我国道岔区使用的轨下胶垫刚度较大（100～150 kN/mm），而区间无砟轨道线路使用的轨下胶垫刚度在 30 ~ 50 kN/mm，两者差异较大。在目前我国道岔区使用的轨下胶垫刚度难以降低的情况下，必须设置轨道刚度过渡段。因此，道岔前后端与区间轨道之间应设置至少 30 m 的轨道刚度过渡段，分级过渡。

8. 无砟道床的结构设计应考虑电务设备的安装要求。在转辙机区段的道床由于转辙机拉杆净空的要求，必须在道床设计上预留出相应的空间，预留坑的宽度、该处的轨枕间距、轨枕宽度、最外层钢筋的混凝土保护层厚度等，应根据转辙机拉杆的需要而定，同时要考虑满足相关规范的要求。

第三节　无砟轨道的施工

当路基、隧道和桥梁的主体工程施工结束后，即可进行无砟轨道的铺设安装。所谓的主体工程结束指的是：路基沉降变形已满足设计要求；隧道主体工程（包括隧道铺底、仰拱及填充）完成及检验合格；桥梁梁体预应力筋张拉结束后至少 60 d，且桥梁主体（桥面防水层除外）施工结束。

一、无砟轨道基本施工工序

（一）板式无砟轨道基本施工工序

板式轨道主要是轨道板铺设与 CA 砂浆灌注，而这两方面都与施工现场的具体条件密切相关，同时也取决于可利用的施工工期，以及施工单位现有的机具、材料等。

板式无砟轨道铺设安装基本工序见图 8-4。凸形挡台周围填充树脂浇注工艺流程如图 8-5 所示。轨道用无级调高充填式垫板施工工艺流程如图 8-6 所示。

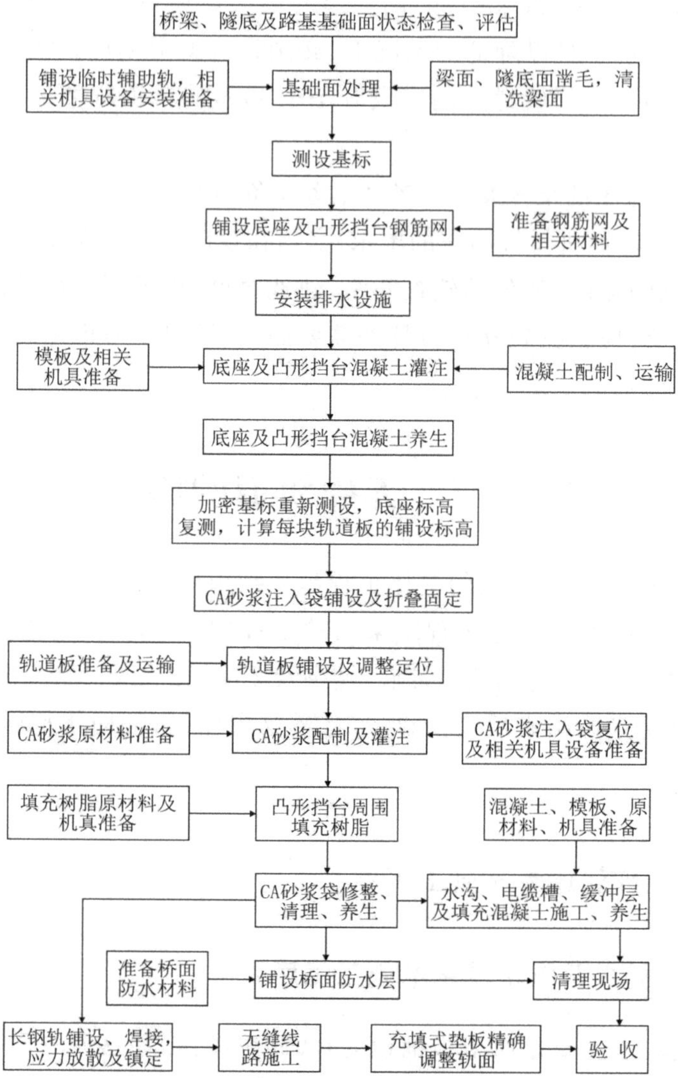

图8-4　板式无砟轨道基本施工工序

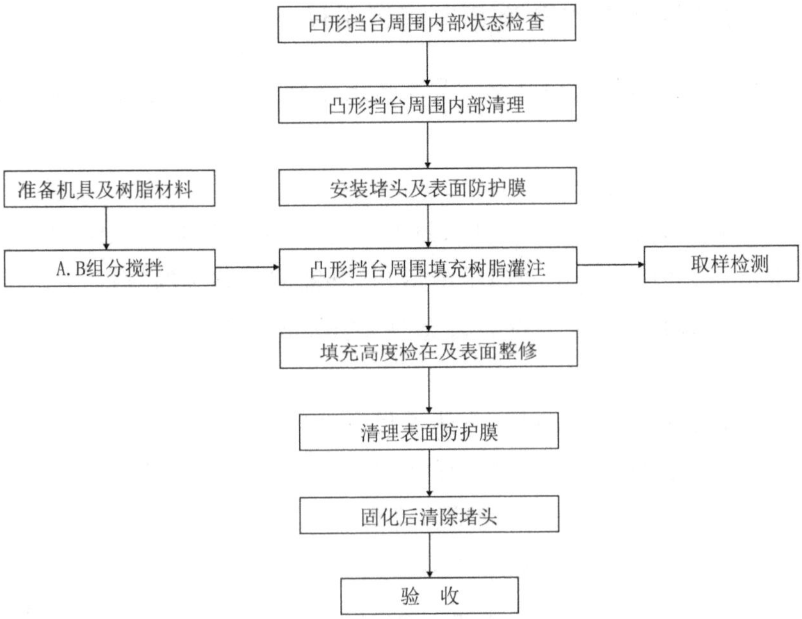

图8-5　凸形挡台周围填充树脂灌注工艺流程

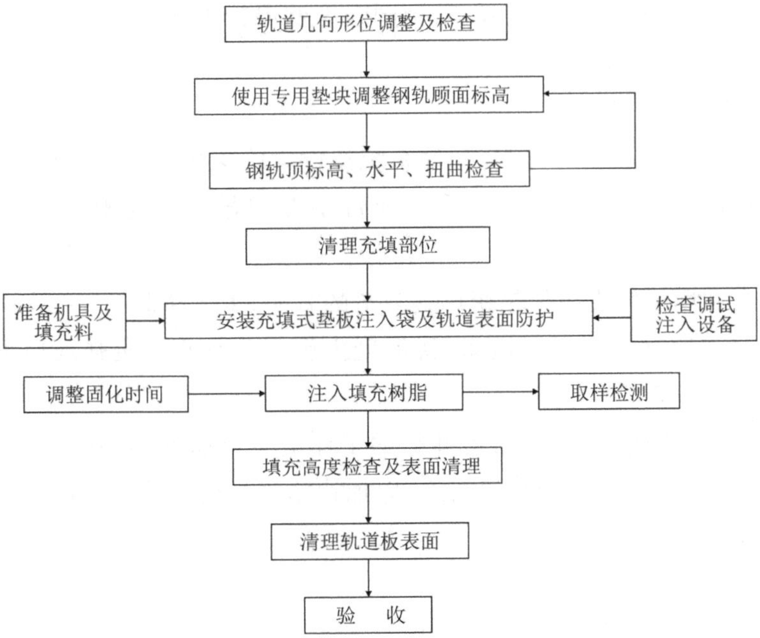

图8-6　充填式垫板施工工艺流程

(二)双块式无砟轨道基本施工工序

双块式(包括长枕埋入式)无砟轨道铺设安装有螺栓支撑调节法和钢轨支撑架法两种方法。

1.螺栓支撑调节法

(1)钢轨、轨枕及配套扣件系统在轨排场组装成轨排,用平板车运输至施工地点,利用两台小龙门吊吊运,与已铺或已施工的轨排相接。

(2)利用轨枕上预埋的带螺纹的套管及调节螺栓支承起轨排,然后立模。

(3)利用基标、直角道尺、万能道尺调整轨道:

①利用轨排两侧轨枕与模板间的侧向支撑来调整轨排平面位置。

②用轨枕上的调节螺栓调整轨排高度。

③通过粗调、精调、微调三次调整来确定轨排的方向和高低。

(4)全面检查模板支撑、轨距、标高、水平位置等,全部合格后即可就地浇注道床混凝土。

(5)待道床混凝土强度达到5 MPa时拆除模板,拧下调节螺栓以重复使用。调节螺栓形成的孔洞,采用同强度的混凝土充填密实。该方法更适合长枕埋入式无砟轨道。

2.钢轨支撑架法

(1)将钢轨、轨枕及配套扣件系统按设计的支承间距组装成轨排,用平板车运输至施工地点后,采用两台小龙门吊运至特制的钢轨支撑架上。

(2)利用钢轨支撑架精密调整轨道的方向、水平高低。

(3)就地浇注混凝土道床,待混凝土硬结并具有一定强度后拆除钢轨支撑架,以重复使用。

无砟轨道铺设安装时,可并行的工序应尽可能安排同时进行,顺序施工的工序应尽量减少时间间隔,以加快施工进度。轨排一次组装长度宜为100 m。

二、基础施工

（一）基本要求

1. 桥梁基础

（1）桥梁徐变上拱：自无砟轨道铺设后，梁体产生的残余徐变上拱值不大于7 mm。

（2）梁体横向水平挠曲：水平挠曲变形不大于梁体计算跨度的1/4 000，且相邻梁跨水平挠曲变形引起的钢轨相邻支点的横向相对位移不大于1 mm。

（3）墩台沉降控制，自无砟轨道铺设后，墩台的均匀沉降不大于20 mm，相邻墩台的沉降差不大于5 mm。

2. 隧道基础

隧道基底承载力不应低于0.2 MPa，仰拱回填混凝土强度不应低于C20。应严格控制基础顶面标高及表面平整度。

3. 路基基础

路基基床底层与表层填筑应按规定进行检测。路基的工后沉降应不大于3 cm，不均匀沉降应不大于2 mm/20 m，且由建设、设计、施工及监理单位共同核对路基施工基础记录和影像资料，对路基施工工后沉降做出评估，满足设计沉降标准后方可进行无砟轨道施工。

（二）基标测设

混凝土底座施工前，应采用起闭于GPS点（B级）的四等导线测量的精度对线路中线进行贯通测量，并且建立独立、完整、精准的基标控制网。采用二等水准测量精度，对高程进行系统复测。

1. 基标的位置

按设计要求在无砟轨道施工范围内埋设基标。基标分为控制基标和加密基标两种。控制基标原则上直线段每100 m设一个，曲线段每50 m设一个。对线路特殊地段、曲线控制点、线路变坡点、竖曲线起止点均应增设控制基标。加密基标直线段每6 m设一个，曲线段每5 m设一个，加密基标间偏差应在相邻两控制基标内调整。基标桩可设置于线路中心、水沟、电缆槽、接触网电杆或挡砟墙上。

对于板式无砟轨道，在混凝土底座和凸形挡台施工完毕后，宜在凸形挡台上重新沿线路中线方向设置控制基标，并在每个凸形挡台上设置加密基标。方向基标和水准基标宜设置在同一位置。

对于双块式无砟轨道，在道床板混凝土施工后应及时在道床板表面埋设控制基标。无砟轨道铺设完成后，应对控制基标进行复测，根据复测结果调整控制基标，调整后控制基标精度应符合设计要求。无缝线路施工时，应利用调整后的控制基标精细调整轨道几何形位。

2. 基标的放样

基标施工放样常用极坐标法，要求如下：

(1)放样时应置镜于导线点且不得转点，前视边长度不得大于150 m。

(2)两测回定点，一测回检核，测站限差要求同精密导线。检核水平角校差不大于6"，距离校差不大于2 mm。

(3)基标高程自水准基点引出，按精密水准方法往返观测。

(4)基标允许误差：

①控制基标。方向允许误差为6"；高程允许误差为±1 mm；距离允许误差为直线1/5 000，曲线1/10 000。

②加密基标。直线上偏离控制基标方向的误差为±1 mm；曲线上采用偏角法测量，在偏角方向线上允许误差为±1 mm；每相邻基标间距离允许误差为±2 mm；每相邻基标高程允许误差为±1 mm。

(5)基标测设和施工测量应符合施工测量规范的有关规定。

(三)底座及凸形挡台混凝土施工

1. 底座及凸形挡台钢筋网绑扎前，应对底座、凸形挡台及道床板范围内的基础混凝土表面凿毛，用高压水或高压风冲洗干净，并将水排干。

2. 底座及凸形挡台混凝土采用的水泥、砂、石、水等原材料及施工要求应符合有关规范的规定。

3. 底座施工前应先沿线路中心线做桥面、路基面或隧底面高程检测，且高程按精密水准要求往返测量，闭合于水准基点，然后根据实测高程和相应轨面设计高程推算混凝土底座实际厚度。底座实际厚度与设计值相差的允许值在桥上为±10 mm，对于路基为±10 mm，对于隧道为−20 ~ 0 mm。

4. 底座及凸形挡台混凝土应连续浇筑。混凝土浇筑时，应在浇注地点随机取样制作试件，同一配合比每50 m^2混凝土或每班组制作一组试件，并与底座及凸形挡台混凝土同条件养护。试件的强度应符合《混凝土强度检验评定标准》(GB/T50107-2021)和设计文件的有关规定。

5. 板式无砟轨道底座及凸形挡台的尺寸允许偏差应满足设计要求。根据凸形挡台上水准基标测量底座顶面高程，底座顶面高程允许偏差也应满足设计要求。

6. 双块式无砟轨道底座混凝土施工完成后，其尺寸允许偏差应满足设计要求。双块式无砟轨道底座混凝土养生期满后，在其表面铺设隔离层，在凹槽的竖直侧面粘贴弹性垫层。

7. 轨道板强度符合要求后方可吊运，并必须按设计吊点位置起吊。起吊应平起平落，吊运应匀速前进。

8. 轨道板在两凸形挡台之间大致就位后，应根据凸形挡台上方向和水准基标采用专用机具精确调整对位。轨道板位置的允许偏差应满足设计要求。

9. 在轨道板下灌注CA砂浆。

10. 在挡台周围灌注树脂。

在板底CA砂浆固化、轨道板支撑螺栓撤除后，灌注凸形挡台周围的填充树脂。凸形挡台与轨道板之间的间隔缝不得小于30 mm。

凸形挡台周围填充树脂施工应符合如下技术要求：

(1)灌注前，应将填充间隙的垃圾、尘土、浮浆等异物处理干净，擦去水、油类物质，保证施工面干燥、清洁。

(2)树脂A、B材料及配制后的填充材料应符合《铁路混凝土结构耐久性设计暂行规定》(铁建设〔2005〕157号)的规定。

(3)树脂应在混合后20 min内注入。

(4)树脂应缓慢、连续注入，防止带入空气及水分，保证灌注密实。

(5)相同材料、相同配合比情况下，每作业班次随机取样制作两组强度及弹模试件。

(6)树脂材料注入过程中,应用塑料薄膜覆盖凸形挡台周围的轨道板,溢出、漏泄的树脂应立即擦除,不得残留脏污。

(7)树脂灌注施工应避开明火,隔离热源。

三、CA砂浆的施工

CA砂浆的配制与灌注技术是板式轨道施工的关键技术之一。

(一)CA砂浆的概述

CA砂浆即水泥沥青砂浆,是由乳化沥青、水泥、砂、水及外加剂等拌和而成的。CA砂浆属于水泥系和沥青系中间领域的注入材料,是利用沥青的弹性和水泥的刚性而构成的半刚性的胶泥。CA砂浆的强度主要由水泥砂浆体系提供,而弹性主要由沥青来提供,但从微观上说,CA砂浆的性能绝不是两种材料性质的简单叠加,而是各组成成分之间相互作用、相互影响的结果。

CA砂浆垫层是板式无砟轨道的中间垫层,除了要具有一定的强度和适宜的弹性外,还应具有良好的稳定性和耐久性。为了填充轨道板与混凝土基床板之间的间隙,要求CA砂浆具备适当的注入流动性。由于水泥和乳化沥青一经混合就起反应,致使黏度逐渐增大,因此CA砂浆的可使用时间有限。CA砂浆的流动性受气温、配合比以及搅拌设备和工艺的影响,故CA砂浆必须在现场进行配合、搅拌、注入等作业。为保持已调整定位的轨道板不产生移动,一般采用自流式灌注,而不是压力注入。

为了满足灌注施工需要,CA砂浆未固化物应有适当的黏度并可保持一定的时间,使其能够灌满板下的空间。CA砂浆还应具有较好的施工环境适应性,以满足在不同季节、气候环境下施工的要求。CA砂浆的固化速度应满足后续工作需要,从灌注到固化的不同时期应有不同的强度指标,固化后各组成成分应保持混合时的均匀状态,不能分离。初步固化后应有一定程度的膨胀,以完全充满所处的空间,同时提供一定的预应力,防止在四角的支承螺栓卸下后轨枕板的下沉。

（二）CA砂浆的配制

1. 原材料

（1）水泥：为了获得较好的早期强度和对环境的适应性，应该使用高强和早强水泥，一般采用强度等级为42.5R的普通硅酸盐或快硬硫铝酸盐水泥。

（2）乳化沥青：乳化沥青是CA砂浆的关键原料，应具备较好的稳定性，在与水泥、砂子混合后应有适宜的破乳速度，同时沥青乳化后不能过多地损失沥青的原有性能。

（3）聚合物乳液：聚合物乳液的加入是为了改善CA砂浆的耐久性等性能。聚合物乳液必须具有与乳化沥青、水泥的相容性，不能对CA砂浆的流动性产生过大的影响，其采用的乳化剂必须与乳化沥青所用的乳化剂相容，以防止产生凝聚、结块等现象。聚合物乳液应具有优良的综合性能和经济性，可起到改性、防水、粘结等作用。

（4）细集料（砂）：砂的粒径分布对CA砂浆的分离度影响很大。细度模数过小时，为获得合适的流动度所需的水量较大，细度模数过大时，则砂子易产生沉降。细集料的最大粒径应小于2.5 mm，细度模数为1.4～2.2。砂子应保持洁净、坚硬、耐久，不应含有泥土和有机质等有害杂质，含水量也应控制在较小的范围内。

（5）混合材料：使用混合材料的目的是防止砂浆材料分离，增加流动性，防止收缩。混合材料是有一定膨胀性的水泥混合料。混合材料应具有较好的分散性和膨胀性。主体成分为硫铝酸钙系矿物。

（6）铝粉：铝粉作为CA砂浆尚未凝结前的膨胀剂，同水泥和水起膨胀反应而使CA砂浆完全充满所处的空间，并形成一定的膨胀应力，以克服拆除支撑后由于预制板的自重造成的轻微下沉，同时使CA砂浆与预制板结合更加紧密。铝粉以薄鳞状粉末为好，铝的活性成分应较高，细度应较小，尽量减少大气泡产生的数量，以免对强度和抗冻融性产生不利的影响。

（7）消泡剂：采用消泡剂的目的是消除搅拌过程中产生的大气泡。

（8）引气剂：加入引气剂是为了在CA砂浆中引入一定量均匀分布的微小独立气泡，提高尚未凝固CA砂浆的和易性，减少材料的分离，而且对固化后的CA砂浆也能增强它的抗冻性。

2.CA砂浆配制

根据使用环境的不同,CA砂浆配方可分为温暖地区配方和寒冷地区配方,两者的区别主要表现在对抗冻性的要求上:前者较少考虑产品的耐寒性,在配方中不添加或少添加聚合物乳液;对寒冷地区使用的CA砂浆,考虑到低温冻融的影响,添加聚合物乳液以提高产品的低温性能,同时通过添加引气剂和消泡剂,控制搅拌速度和时间以及在CA砂浆中引入一定数量的微小气泡,可以提高砂浆的抗冻性能。

CA砂浆的配制应在精确计量的基础上按基本配合比进行。现场配制时,应根据原材料、施工温度、施工机具设备、拌和工艺等具体条件,在基本配合比的基础上做相应调整。

(三)CA砂浆的灌注

板式轨道CA砂浆调整层的厚度在一般区段不得小于40 mm,在板底粘贴橡胶垫层区段,厚度不得小于30 mm,高限不得超过100 mm。

CA砂浆的施工应符合以下技术要求。

(1)配制CA砂浆的乳化沥青、水泥、细砂、水及外加剂等原材料及配制后的CA砂浆的技术性能必须符合《客运专线铁路CRTSⅡ型板式无砟轨道水泥乳化沥青砂浆暂行技术条件》(科技基〔2008〕74号)的规定。

(2)现场拌制CA砂浆前,应根据具体工点的温度、湿度、原材料的性能等现场具体条件,通过现场试验修正标准配合比,满足设计要求后,方可拌制灌注。

(3)CA砂浆所用的各种原材料应精密称量,误差应控制在1%以内。CA砂浆拌制必须严格按照标准拌制工艺进行操作。

(4)CA砂浆注入袋在铺设轨道板前应按要求平铺、折叠、固定牢靠。轨道板铺设、调整、侧向支撑固定好后,CA砂浆注入袋打开折叠,且不得有褶皱。

(5)CA砂浆搅拌好后放置在缓冲灌注罐中,灌注罐必须保持30 r/min的搅拌状态。

(6)拌制后的CA砂浆应在规定时间内灌注完成。

(7)CA砂浆的灌注宜在5～25 ℃的温度下进行。

(8)CA砂浆灌注时,应将注入口与CA砂浆注入袋口牢固连接,由专业施工人员控制阀门注入。

(9)每块轨道板下的CA砂浆应一次灌注完成。

(10)在纵坡及曲线地段,应从较低一侧注入口灌注CA砂浆,且CA砂浆注入袋必须固定牢靠。

(11)注入作业结束时,CA砂浆注入袋四周边缘应饱满圆顺。

(12)CA砂浆强度指标达到0.1 MPa(可承受轨道板重量)后,应及时撤除支撑螺栓。

(13)同一配合比每班次制作两组强度及弹模试件,以备验收。

四、道床板混凝土施工

路基与隧道内道床板底层钢筋绑扎前,应将道床板范围内的基础面清扫干净,排除积水。桥上可直接在底座的隔离层上绑扎钢筋。混凝土浇筑前,应将轨枕混凝土表面充分润湿。

道床板混凝土浇筑前,应复测轨排几何形位、保护层厚度,且由专业人员检测长轨排绝缘性能,符合要求后(每一块道床板单元的钢筋网架绝缘指标均需有检测、确认、签字记录)方可进行混凝土浇筑,在浇注过程中应加强对轨枕底部及其周围混凝土的振捣。应随时监测轨排几何形位的变化。

道床板混凝土浇筑振捣密实后,道床板表面需按设计要求做好横向排水坡整平、抹光及标高复核工作。

道床板混凝土施工完成后,其尺寸允许偏差应满足设计要求。当道床板混凝土初凝后应及时松开所有钢轨扣件。

道床板混凝土强度达到5 MPa时可拆除支承架,混凝土强度达到设计强度的75%时方可承重。

五、道岔区无砟轨道施工

道岔区无砟轨道采用轨枕埋入式结构,该结构由道岔、扣件、岔枕及道床板组成。

(一)施工工序

1. 前期准备工作

(1)确定轨道线路和设计方案,制定施工计划,明确施工进度和质量要求;

(2)现场勘察、测量,开展地形、路基、土质等工程勘测,确保无轨道的基底结构合理稳定;

(3)采购各种材料和设备,包括无轨道基底材料、轨道、道岔、固定件、安装工具等;

(4)组建施工安全保障班组,制定安全措施和应急预案,确保施工现场的安全。

2. 基础处理

(1)清除基础表面杂物和附着物,避免基底表面不平整和杂物影响无碎轨道的安装质量;

(2)进行基础平整化处理,比如清除基础上的土石异物、铺设层、使用整平机械等;

(3)基础涵洞及立交桥等地段的基础处理,需要根据设计要求进行相应的处理

3. 基础封闭

(1)地面张网,避免工人和材料掉落;

(2)盖起防护棚或搭建安全通道,确保施工现场的安全;

(3)根据环保要求,采取必要措施,如喷洒水雾、设置粉尘屏障等

(二)道岔预组装、调试及运输

每组道岔出厂前均需进行厂内预组装。调试组装完毕后,要严格检测道岔各部分尺寸和几何形位,消除超限点位。同时应安装电务转换和锁闭装置,进行道岔工务和电务系统的联合调试。预组装、调试合格后,对道岔各部件做出对号标记,拆解后包装发运。如果道岔较短(如12号道岔),可在厂内预铺后分段直接装运,不再分解成散件,避免重复预铺。

道岔运输应符合相应技术条件的规定。

（三）道岔的现场组装、吊装及调整

在施工现场，建立道岔组装平台，进行道岔预铺组装。道岔轨排分段运至铺设地点，用大型吊车和道岔专用吊具整体吊装。

采用平移小车抬轨梁，使道岔轨排轨向及高低达到粗调精度。

采用方尺调整道岔始端与尖轨尖端，调整尖轨、心轨密贴和顶铁间隙，同时与调整轨距和支距相结合，经反复调整，直至满足设计要求为止。

精调起平道岔，道岔高低、水平不超过设计限值；滑床台板坐实坐平，精确控制垫板与台板的间隙不超标。

精确安装道岔尖轨、可动心轨转辙机构，进行工电联调。

使用轨检小车检测道岔方向、高低、水平、轨距等几何形位指标，对超限点做局部精细调整。

（四）道岔区道床混凝土施工

道岔区无砟轨道道床混凝土施工工艺的特殊要求如下：①施工前，首先检查模板加固、混凝土泵送和捣固设备的状态，确保混凝土浇筑施工能够顺利进行。道岔位置应由调整螺栓牢固保持，在混凝土初凝后，调整螺栓应及时取出。为保证道岔的铺设精度，道床应隔块浇注。②道岔区与区间轨道高度不一致时，应在区间混凝土支承层上调整。③施工期间应封闭作业，自道岔精调后至道床浇注完 2 d 内，严禁行人和施工车辆行驶。

六、过渡段施工

过渡段施工后沉降差应符合设计要求，下部结构物和上部轨道结构的过渡点应相互错开施工。

1. 桥上有砟轨道与隧道内板式轨道间的过渡

轨道过渡段长度一般为 45 m，其中有砟轨道长 20 m，板式轨道长 25 m，即与隧道相连的第一跨桥上 20 m 有砟范围内，采用 2.6 m 过渡段轨枕

及配套的弹性分开式扣件，有砟道床厚度在与隧道相邻的9 m范围内由250 mm逐渐过渡到桥上道床设计厚度350 mm。从隧道口第一块轨道板开始的五块轨道板底粘贴20 mm厚微孔橡胶垫板，微孔橡胶垫板应符合相关技术要求。对应隧底回填层在轨下位置按400 mm间距埋设"门"型连接钢筋，钢筋伸出部分与混凝土底座内钢筋网相连。

桥上设置50 kg/m钢轨作为过渡段辅助轨，延伸至隧道内板式无砟轨道4.8m，且要求辅助轨在25 m过渡段范围内采用50 kg/m新轨，辅助轨弯折后与基本轨中心距为520 mm。

2. 路基上双块式无砟轨道与有砟轨道间的过渡

过渡段总长度一般为45 m，其中双块式无砟轨道长25 m，该范围对应轨下位置在混凝土承载层基础上按400 mm间距预埋"门"形钢筋，钢筋伸出部分与道床板内钢筋相连。

有砟轨道长20 m，采用长度为2.6 m过渡段轨枕，基本轨扣件采用弹条Ⅱ型扣件。路基上无砟轨道的混凝土支承层延伸至有砟轨道的长度为15 m，板厚由300 mm递减至210 mm，对应过渡段内道砟厚度由210 mm逐步渐变到300 mm。

过渡段设60 kg/m的辅助轨及配套扣件，辅助轨长度25 m，伸进无砟轨道内4.8 m，辅助轨与基本轨中心距为520 mm。

3. 不同无砟轨道间的过渡

不同无砟轨道结构间的过渡与基础结构物的过渡段应错开设置。减振型板式轨道与普通型板式轨道，或与框架式板式轨道连接处，通过采用不同净刚度的轨下弹性垫板过渡，过渡长度为每边15 m。板式无砟轨道与双块式无砟轨道间直接连接，不设置过渡段。

4. 道岔区与区间无砟轨道过渡段

按设计规定通过调整道岔区前后扣件弹性垫板的净刚度来实现刚度过渡。

七、长轨排组装及架设

双块式轨枕、钢轨、扣件等轨道部件进场时，必须按相应技术条件及有关标准进行检验。应采用无损伤、顺直、合格的新钢轨组装轨排。扣件锚固螺栓拧紧扭矩为700 N·m,T型螺栓拧紧扭矩为300 N·m。轨排组装经检查合格后方可使用。

轨排组装时,应根据设计图纸要求正确安放扣件。轨枕应与轨排中线垂直,枕间距允许偏差应符合设计规定,并应采取必要加固措施,保证轨排在吊装、运输中不发生变形。

轨排采用专用运输车与龙门吊进行吊装运输,吊运到施工位置后,应对轨排位置进行复测,以基标为基准,调整轨排的方向、高低、水平和中心线位置。轨排架设时,直线上以左股钢轨为准、曲线上以内股钢轨为准来调整轨顶标高和方向,然后再调整右股或外股钢轨。轨排架设符合要求后,应对所有支承架的竖直顶丝、水平顶丝和轨卡螺栓进行复检。

轨排支承架设计与加工制造时,应充分考虑浇注混凝土时轨排的上浮及变形。支承架自重不宜太轻,单台支承架重量应在250 kg以上。

第九章　无缝线路施工

第一节　无缝线路长钢轨焊接

长钢轨的焊接是铺设无缝线路的重要环节，其几何外形尺寸的平顺和内部质量，是保证无缝线路正常运行的关键。实践证明，若钢轨焊接质量不良，将使线路维修工作后患无穷，严重者将危及行车安全。现代焊接技术的发展，可使焊接接头的机械性能基本上和钢轨母材相同，这样就可以将标准长度的钢轨用焊接的方法焊接成一定长度的长轨条。目前，我们经常采用的方法是：铺轨或换轨前采用接触焊（电阻焊）或气压焊 将不钻孔的50 m或100 m标准轨焊接成200 m左右的长轨条，然后送至铺轨现场，再用铝热焊或气压焊将其焊接成设计的长度，以备施工。

一、接触焊

目前在无缝线路长钢轨的焊接中主要采用接触焊法，该法焊接质量好，效率高，在世界各地普遍采用。

（一）焊接原理

接触焊的基本原理是利用电流通过其电阻时所产生的热量熔接焊件，再经顶锻以达到焊接目的。

当两焊接钢轨之间通过电流时，由于两钢轨接触面之间存在着较大电阻，因电热效应使钢轨迅速得到加热。两钢轨的接触面可能很平，从微观上看仍是凹凸不平，因此，首先接触的是一些凸出点。这些接触点通电后在瞬间被加热到熔化状态，从而在钢轨接触面之间形成多个液体金属过梁。这些过梁在进一步加热的过程中被"爆炸"而破坏，使熔化的金属从钢轨接触面的缝隙中飞溅而出，形成闪光，与此同时，进一步加热钢轨。钢轨通过继续加热和连续闪光的作用，使钢轨端面的温度逐渐均匀一致，形成熔化金属薄层，防止周围气体侵入。与此同时，迅速施加顶锻力，迫使焊面相互挤压，使闪光时形成的火口得到充分闭合，并挤出全部液体金属，将两钢轨焊联成一体。

（二）焊接工艺要求

接触焊焊接工艺参数较多，具体参数值也因机型而异，但各参数对质量的影响有共性。在这里我们只简单了解一些常用的参数，不进行具体分析。

在进行钢轨焊接时，我们一般选择以下几个参数来控制焊接质量。

1. 伸出长度

伸出长度指的是钢轨从焊机钳口伸出的长度。伸出长度不足，电极散热慢，使温度场变陡，加热区变窄，以致产生塑性变形困难，增加了淬火倾向。伸出长度过量，使温度场变缓，加热区变宽，顶锻时容易破坏焊件的同轴性。一般 50 kg/m 钢轨的伸出长度为（135±1）mm，60 kg/m 钢轨的伸出长度为（138±1）mm。

2. 闪光流量

焊接钢轨在预热和连续闪光过程中所消耗的钢轨长度，为闪光流量，其主要作用是清除焊接面氧化物和保证焊接面温度均匀。闪光流量不足，焊道中易残留杂质。闪光流量过大，塑状金属流失，易形成冷焊，使顶锻量减小，焊接面可能出现灰斑。50 kg/m 钢轨的闪光流量为（24±1）mm，60 kg/m 钢轨的闪光流量为（30±1）mm。

3. 闪光初速

闪光初速指的是连续闪光以前的移动速度，它直接影响钢轨焊接时的预热温度及加热温度。速度低则焊接时间短，钢轨加热区窄，易导致未焊透。速度高则焊接时间长，钢轨加热区宽，易导致过热或过烧。一般 50 kg/m 钢轨的闪光初速为 1.8 ~ 2.1 mm/s，60 kg/m 钢轨的闪光初速为 1.0 ~ 1.4 mm/s。

4. 闪光末速

闪光末速适度，可减少钢轨端面被氧化的可能性。闪光的末速要大于闪光的初速。闪光末速过大或过小都直接影响焊接质量。一般 50 kg/m 钢轨的闪光末速为 2.6 ~ 2.9 mm/s，60 kg/m 钢轨的闪光末速为 2.1 ~ 3.1 mm/s。

5. 焊接时间

焊接时间包括预热、连续闪光和顶锻的时间。焊接时间过短，会造成未焊透的缺陷。焊接时间过长，会使加热区增宽，易产生过热和过烧的缺陷。

6. 接触压力

焊接面的接触压力小，则电阻增大，加热温度变陡。接触压力大，则接触电阻小。电阻的过大和过小都将影响焊接质量。一般 50 kg/m 钢轨的接触压力应达到 50 kN，60 kg/m 钢轨的接触压力应达到 60 kN。

7. 夹紧压力

为使钢轨在接触或顶锻时不打滑，焊接时夹钳夹持钢轨的夹紧压力，对于 50 kg/m 钢轨应达到 450 kN，60k g/m 钢轨应达到 580 kN。

8. 顶锻压力

顶锻压力的大小与钢轨断面的大小和加热状态有关。压力过小，会导致未焊透、气泡、无光泽斑点等缺陷。随着压力的增加，焊接钢轨的冲击性能及疲劳强度将提高，缺陷将减少。但顶锻压力过大，反而影响焊接钢轨的机械性能。一般 50 kg/m 钢轨的顶锻压力应达到 240 kN，60 kg/m 钢轨的顶锻压力应达到 320 kN。

9. 开始加速

50 kg/m 钢轨和 60 kg/m 钢轨都应选择在伸长量达到 130 mm 时加速。

二、气压焊

（一）气压焊原理

金属构件的气压焊接，是用气体燃料燃烧时产生的热能，将金属构件的焊接端加热到熔化状态或塑性状态，再施以一定的顶锻压力，把施焊的金属构件焊接端焊接起来。焊接热源多采用氧乙炔火焰。其焊接原理是将被焊金属构件的焊接端加热到熔化状态或塑性状态时，在顶锻力的作用下，焊接的金属端面的熔体或塑性的原子之间相互扩散渗透再结晶，使两金属构件融合成一体。

气压焊在地铁与轻轨工程中，主要用于移动焊接连结接头，使用的设备是小型移动式气压焊机。小型移动式气压焊机具有设备简单、体积小、重量轻的特点，在工地移动和操作都比较方便，焊接质量接近厂焊水平（气压焊法）。

（二）焊接工艺

1. 钢轨接头处理

钢轨端头处理是焊接前的关键工序，其主要内容是钢轨端部除锈和端面整平。这一工序关系到钢轨焊接的外形尺寸和内部质量。主要包括以下几点：

（1）钢轨调直：焊接前必须对钢轨的垂直面和侧面进行调直，调直后用1 m直尺检查，其矢度不得超过0.3 mm。

（2）钢轨端面的加工：应使钢轨端面与钢轨轴心线垂直，其偏差不得大于0.25 mm，其平直度也不得大于0.25 mm。

（3）钢轨的除锈：钢轨端面的除锈与整平是否达到标准，直接关系到焊接质量的优劣，对这一工艺程序应从严掌握。

2. 钢轨的焊接

气压焊的钢轨焊接工艺依次为钢轨固定、加热、顶锻、推凸、铲渣等。

（1）钢轨固定

相互焊接的钢轨接缝要对齐找平，两端面对齐后要相互吻合，缝隙不得大于0.25 mm。

（2）钢轨加热

焊接时为获得理想的加热温度，必须对加热器进行多次调试，以确定适当的氧气和乙炔的压力与流量加热器的摆动量和频率、钢轨的顶锻力和顶锻量等参数，加热孔眼的设置也是通过实验与测试确定的。加热器摆动量的大小和频率的快慢是否合适，直接影响到钢轨加热温度是否均匀，这是保证焊接质量的前提。

(3)顶锻

钢轨焊接工艺中,顶锻是一个重要环节,它直接影响焊接质量。顶锻由顶锻力和顶锻量两个参数来控制。通过顶锻,加热到塑性状态时对焊钢轨产生塑性变形,两轨对接面之间空隙消失,使焊接面金属具备分子扩散和再结晶条件,以完成对接钢轨的互焊。

(4)焊接接头的整修

顶锻后切除凸出量时,一般均保有一定的残留量,再经整修、打磨和调直后,方使焊缝外形与原轨一致。

(5)钢轨正火

采用专用的正火设备,在轨温降至450～500 ℃之后进行正火处理,以改善焊缝的金属结构和力学性能。

三、铝热焊

(一)焊接原理

钢轨的铝热焊是利用焊剂中的铝在高温条件下与氧有较强的化学亲合力,能从重金属的氧化物中夺取氧,使重金属还原,同时放出热量,将金属熔成铁水,浇铸施焊而成。铝热焊法是将配置好的铝热焊剂放入特制的坩埚,用高温火柴引燃焊剂,产生强烈的化学反应,得到高温的钢水和熔渣。待反应平静后,将高温的钢水注入扣紧钢轨并经过预热的砂型中,将砂型中对接好的钢轨端部熔化,冷却后去除砂型,并及时对焊好的接头整形,两节钢轨即焊接成一体。

(二)焊接工艺

采用大剂量、宽焊缝、三片模卡箱、定时预热和自动浇铸技术,主要用于50 kg/m钢轨、60 kg/m钢轨和75 kg/m钢轨的焊接。

(三)工艺装备

锯轨机、推凸机、砂轮、大锤等,用来制作砂型设备、制作砂型原料、制作砂型成品、热源及预热设备、焊接材料。

(四)工艺程序

制作砂型和坩埚—工地布置—切轨—对轨—扣箱及封箱—坩埚装料及安放支架—预热—浇铸—推凸及整修—质量检查—正火。

第二节 无缝线路的铺设

无缝线路的铺设是城市轨道交通施工的一个重要环节。本节主要介绍铺设方法、铺设前的准备工作、铺设的基本要求和需要注意的问题。

一、铺设方法

根据施工规模和施工现场的条件,通过对采用的施工机具与施工成本进行比较,一般采用“过渡轨排法”进行施工,即先在铺轨基地利用待焊的25 m无孔钢轨拼装过渡轨排,整道作业后,换铺长钢轨,最后锁定线路。这种方法能保证轨排的组装质量,提高铺轨施工进度,达到在运营开通前完成无缝线路铺设的目的。其优点是施工方便、灵活和成本较低。

二、准备工作

1.了解与轨道施工有关的工程进展情况,核实铺轨进度计划。

2.调查沿线交通运输条件、地物和地貌情况,选择铺轨基地位置。

3.搜集沿线气温、轨温资料,建立气温、轨温观测点,以便在不同季节条件下,选择无缝线路锁定的作业时间。

4.按铺轨进度计划,落实轨道材料和设备来源、材料供应计划及运输、储备办法。

5.按规定做好线路复测工作。

三、铺设无缝线路的基本要求

(一)长轨条的长度

在设有自动闭塞的区段,无缝线路的长轨条长度通常以闭塞区间两信号机轨端绝缘之间的距离作为设计长度,按下式计算:

$$L_{长} = L_{绝} - \frac{L_{前缓} + L_{后缓}}{2} \tag{9-11}$$

式中:$L_{长}$——每段无缝线路的长轨条设计长度;

$L_{绝}$——自动闭塞区段两信号机轨端绝缘之间的距离;

$L_{前缓}$——长轨条前段的缓冲区长度;

$L_{后缓}$——长轨条后段的缓冲区长度。

在小半径曲线或大坡道地段,钢轨容易磨耗或擦伤,钢轨更换周期相对较短,此时可单独设计一段无缝线路,如采用优质全长淬火钢轨则不受限制。

(二)钢轨锁定

铺设无缝线路时,由于单元长轨条较长,很难在同一时间内、同一温度下把长轨条铺入到位并锁定好,因此单元长轨条在实际锁定时其各截面之间必然存在轨温差。在铺设过程中,锁定轨温的测定应分段进行,取其平均值作为该单元长轨条的锁定轨温。各分段的实际锁定轨温可能有差异,但任何一分段的锁定轨温均不得超出设计锁定轨温范围。

(三)位移观测

无缝线路长轨条在运营中由于下列原因可能发生位移:

1. 铺轨时没有及时锁定钢轨,铺设后整修工作又没有及时跟上;

2. 养护维修作业方法不当,局部线路阻力下降;

3. 在无缝线路区段进行其他施工作业,没有遵守无缝线路技术规定。

为了掌握运营中无缝线路钢轨是否发生了不正常位移,检验无缝线路在长期养护维修中是否锁定牢固,以及在各种施工中是否改变了原锁定轨温,应定期对无缝线路钢轨进行位移观测,或进行零应力轨温检测。

普通无缝线路,每段设5~7对位移观测桩。固定区段长时,可适当增加,一般固定区中间点设一对,伸缩区始、终点各设一对。

在锁定钢轨的同时,对准线路两侧观测桩基准点拉线,以拉线为基准在两股钢轨上设好位移观测标记,即零点标记。

(四)长轨条拉伸

低温条件下铺设无缝线路时,可以采用钢轨拉伸机拉伸钢轨的技术,把长轨条拉伸到锁定轨温的允许范围。

四、注意事项

(一)安排施工的原则

1. 若施工期间轨温始终处于该段无缝线路的锁定轨温范围内,则施工方案可与普通线路相同,无须采取特殊措施。

2. 若轨温处于规定的允许作业范围内,则应根据相应作业轨温条件所要求的内容,采取与之相适应的施工方案,以保安全。

3. 若轨温处于禁止作业的轨温范围内,为保证施工安全,应进行两次应力放散,一次为放高或放低,另一次放散为恢复设计锁定轨温。根据放散后的轨温条件,再采取相应的措施。

4. 某些改变轨下基础工作状态的施工作业项目,应在该段无缝线路锁定轨温下完成或在采取加强措施后,在低于锁定轨温范围内完成。在作业后,应有适当措施,以确保该段无缝线路的稳定和安全。

5. 处于伸缩区的轨下作业,应采取两次放散应力的方法,并根据轨温变化情况,适当采取加强措施。

6. 加强措施主要根据无缝线路稳定性降低的程度和阻力值损失的大小来安排。

(二)分割无缝线路的施工原则

无缝线路铺设以后,有时因增设道岔、增设车站、增设轨道绝缘等而需要分割无缝线路,现场称之为“开口”。此时,应按下列原则进行:

1. 无缝线路被分割以后，留下的长度不得小于300 m。

2. 无缝线路被分割以后，重焊接头的位置应按有关规定确定。

3. 重新组成的无缝线路，若施工时锁定线路的轨温与设计锁定轨温允许范围不符，应放散应力重新锁定。

4. 除特定工程所需长度外，切口长度不应考虑前后衔接新增缓冲区长度，以及长轨端加焊带眼钢轨长度、焊接顶锻量和预留轨缝等。

5. 切割及加焊时的轨温应与原锁定轨温一致，否则应放散应力重新锁定。

6. 原有钢轨如已磨耗时，接头处应采用磨耗相近的钢轨，以保持接头轨面平顺。

7. 改拨线路时，应注意捣实道床，提高道床阻力。

（三）大坡道上、小半径曲线上铺设无缝线路的要求

1. 曲线上施工时，要处理好因钢轨易拉而引起的长度差的影响。

2. 连续有几个曲线时，施工应分段进行，铺后再焊联成一体。

3. 整修工作中，要加强道床捣固，以提高道床阻力。同时，要按规定拧紧扣件。

4. 缓冲区应避开坡顶和坡底。

5. 铺轨时，应做好始端钢轨接头的联结和固定工作。落地钢轨要随时锁定，以防始端钢轨接头拉开。

第三节　无缝线路应力放散与调整

无缝线路应力放散与调整是无缝线路的两个大型作业项目，需要人员多，耗费时间长，施工组织严密，技术要求较高。无缝线路在很多情况下都要进行应力放散与调整。

一、应力放散与调整的概念

无缝线路铺设后，到了夏天，随着气温的不断升高，轨温也不断升高，实际锁定轨温比设计锁定轨温提高了，钢轨变长，但无缝线路固定区

钢轨因受到限制，不能自由地伸长，这时候钢轨内就产生较大的温度压应力。为了保证运营安全，就要放散掉钢轨内的温反压力，使钢轨缩短一些。到了冬天，随着气温的不断降低，轨温也不断降低，实际锁定轨温比设计锁定轨温降低了，钢轨缩短，但无缝线路固定区钢轨因受到限制，不能自由地缩短，这时候钢轨内产生较大的温度拉应力。为了保证运营安全，就要放散掉钢轨内的温度拉力，使钢轨伸长一些。此外，为了保证行车安全，如果无缝线路的温度力太大，也要“释放”掉一部分，这些都叫应力放散。应力放散使轨条长度发生变化，通常用改变缓冲区钢轨长度的方法来调节。

在自由伸缩状态下，钢轨的长度和轨温呈一种线性关系，其关系式是：$\Delta l = \alpha \cdot l \cdot \Delta t$。无缝线路应力放散的条件之一，就是松开部分扣件或全部扣件，让钢轨基本处于自由伸缩状态，达到预计的伸缩量后立即锁定，此时锁定轨温也正是使钢轨发生伸缩所需要的温度。

通过钢轨伸缩释放温度力，并重新确定锁定轨温的过程叫应力放散。应力调整，则是对锁定轨温不均匀的无缝线路进行的局部应力放散，它并不改变轨条的原有长度和锁定轨温。

应力放散的实质是释放积聚在钢轨断面上的温度力。但这是一种人为有序的释放，而不是像胀轨、跑道或焊缝拉断那样自然的、破坏性的释放。

应力放散的过程既然是释放温度力和重新确定锁定轨温的过程，那么它最终将使无缝线路的锁定轨温由不合理变为合理；使无缝线路承受的温度力由大变小。这样，通过应力放散，就可以杜绝无缝线路发生胀轨、跑道和钢轨折断的隐患。

二、应力放散与调整的基本原则

1. 实际锁定轨温不在设计锁定轨温范围内，或左右股钢轨的实际锁定轨温差超过 5 ℃。

实际锁定轨温不在设计锁定轨温范围内，可分为两种情况：一种是因为铺轨时受到工程进度和设备条件的影响，不得不确定一个比实际锁定轨温偏低或偏高的锁定轨温；另一种是在长期的运营和养护维修过程中，无缝线路受到外力的干扰，加上违章作业和线路阻力不足，长轨条不正常伸缩，不得不放散掉一部分应力，使锁定轨温发生变化，超出了设计要求。为让实际锁定轨温得到改正，必须在轨温处于设计锁定轨温的范围时，使长轨条基本处于零应力状态，重新锁定。

铺轨总有一个过程，线路上两股钢轨不可能同时铺设和锁定，加上其他原因，两股钢轨的锁定轨温往往不能一致。这种不一致不能超过5 ℃，如超过5 ℃，两股钢轨承受的温度力就明显不一致，从而造成钢轨伸缩和轨道爬行不一致，带来轨枕歪斜、缓冲区轨缝错差等病害。因此必须对其中一股钢轨进行应力放散，使两股钢轨的锁定轨温差不超过5 ℃，以改善其受力状况。

铺轨时两股钢轨的锁定轨温是一致的，但在运营和养护维修过程中，同样可能发生两股钢轨的实际锁定轨温不一致，如曲线的上股和下股，因为未被平衡超高的存在和半径的不一致，其受力难免不均衡，导致锁定轨温的不均衡。这种不均衡超过了规定的限度，也应进行应力放散。

2. 锁定轨温不清楚或不准确。

因种种原因铺轨后交验无缝线路的资料不全或不清楚；另外，经过多年的运营，难免对无缝线路进行技术改造、设备更新等，线路状况发生了较大的变化，实际锁定轨温与设计锁定轨温有出入，但又无详细的资料。以上两种情况，都使维修养护作业缺乏了重要的依据，即不知道轨温变化度数和温度力为多少，此时，只有放散应力，重新确定一个明确的锁定轨温，才能使后期的养护维修作业有根据。

3. 跨区间或全区间无缝线路的两相邻单元轨条的锁定轨温差超过5 ℃，同一区间内单元轨条的最高、最低锁定轨温超过10 ℃，

4. 铺设或维修作业方法不当，使长轨条产生不正常伸缩。这里所说的“不正常伸缩”，是指超出限制伸缩量的不正常伸缩，包括人为的强制伸缩。

如铺轨合龙（在两侧缓冲轨间插入长轨）时，因计划不周，长轨有可能长出一段放不进去或短了一段造成轨缝过大。遇到这种情况时，往往采用人为的强制手段，用撞轨器将长轨撞短或用拉伸器将长轨拉长，然后合龙、锁定。长轨的长度发生了变化，就意味着实际锁定轨温同计划

锁定轨温有了出入。百米长度上强制缩短 1.2 mm,就相当于改变了 1 ℃锁定轨温。本来应该将强制伸缩量折算成轨温变化度数,并据此改变实际锁定轨温,但有时却忽略了这一点,依然将锁定时的轨温作为锁定轨温。这样一来,实际锁定轨温就与记录锁定轨温有了一个差距,有时差距还较大。这个差距,只有靠放散应力才能消除。

维修作业方法不当,使长轨条产生不正常的过量伸缩的情况就更普遍,如冬季低温焊接钢轨、夏季拆开接头螺栓作业等。这些作业都势必改变原锁定轨温,使无缝线路的受力状况恶化,因而也必须在合适的轨温条件下放散应力,使锁定轨温恢复正常。

5.固定区出现严重的不均匀位移。当固定区钢轨出现严重的爬行不均时(或局部位移量超过 10 mm),意味着局部应力严重不均匀,或锁定轨温变化大于 5 ℃,即在不同的轨段上有高有低,如不加以调整,这些轨段就有可能发生胀轨、跑道或折断。应力调整必须在爬行不均匀的全范围内进行。

6.夏季线路轨向严重不良或碎弯多。方向严重不良或碎弯多,都是胀轨的迹象,说明无缝线路承受的温度压力超过了允许压力,已经失稳,正在丧失行车条件。作为设备事故处理,固然可以采取浇水降温的方法减轻压力,拨回线路,恢复行车,但也只是权宜之计,因为轨温很快回升后,失稳现象又可能出现。彻底解决的办法只有一个,就是把温度力放散出去。如果线路失稳是锁定轨温偏低造成的,也需要通过应力放散或调整,使锁定轨温趋于合理或使长轨条内温度应力均匀。如果锁定轨温并不偏低,失稳是由线路阻力不足造成的,则应加强线路养护维修,以增大线路阻力。

7.通过测试发现温度力分布严重不均匀。这里所说的“温度力分布严重不均匀”,与“固定区出现严重的不均匀位移”表现并不一样。后者的不均匀位移可以通过位移观测桩观测出来并可用公式粗略计算出锁定轨温的局部变化范围。前者的温度力分布严重不均匀,却不一定能通过位移观测桩观测出来,因为其不均匀范围可能较小,还没有达到桩距的长度,温度力分布严重不均匀仅仅潜藏在局部地段的钢轨断面上,而且并没有失稳的严重表现。这种情况虽暂时还不至于影响行车,但已给胀轨、跑道和钢轨折断提供了薄弱环节,所以也要进行应力调整,使钢轨各断面受到的温度应力趋于一致。

8. 因处理线路故障改变了原来的锁定轨温。这是一种经常发生的、不得已而为之的情况。如夏季发生严重的胀轨，有的时候切割一段钢轨后，使两端长轨条合龙，再用鼓包鱼尾板和断轨急救器加固后放行列车，然后再作临时处理。这样一来使锁定轨温提高了，但为了行车的需要，却不得不这样做。再如冬天发生钢轨折断进行临时处理后，行车恢复了，速度也达到正常，却降低了锁定轨温。诸如此类的事故处理后，都应在合适的时候进行应力放散，焊复钢轨，使锁定轨温恢复设计值。

9. 低温铺设长轨条使拉伸不到位或拉伸不均匀。低温铺设长轨条时，为达到设计锁定轨温，应用机械拉伸长轨条。但拉伸时没有拉伸到设计位置，或由于各种阻力影响，距离拉伸器近的钢轨拉伸量过大，距离拉伸器远的钢轨拉伸量不足，其不均匀的程度达到第5条的标准时，意味着局部应力严重不均匀，或锁定轨温变化大于5 ℃，即在不同的轨段上有高有低）。，都要进行应力放散或调整，使锁定轨温正确、均匀。

无缝线路应力放散与调整就是释放温度力，目的是改变锁定轨温，或使应力均匀一致。作用是避免胀轨、跑道和钢轨折断，保证行车安全。上述9条可归纳为两大类：一是高温季节线路严重失稳，需要放散应力以维持行车，有些大型施工也要先放散应力才能保证施工顺利。二是因各种原因造成了锁定轨温不详、不合理或不均匀，也要进行应力放散和调整，以确定一个明确、合理和均匀的锁定轨温。前者是为了保证行车安全，我们可以把它叫做安全性放散；后者是为了改善无缝线路的受力条件，我们可以把它叫做稳定性放散。

三、应力放散的方法

无缝线路应力放散的基本方法是：在轨温达到或接近锁定轨温时，部分或全部松开接头扣件、中间扣件和防爬设备，采取一定的辅助措施，使钢轨发生自由伸缩，释放温度力。当达到预计的伸缩量或轨温时，重新锁定。

应力放散的难题之一是钢轨的自由伸缩。运营中的无缝线路，因怕钢轨所受的阻力不足而发生过量伸缩。应力放散时的无缝线路，我们却怕钢轨所受的阻力太大而不能自由伸缩,以达到预期的伸缩量。而放散应力时钢轨所受的阻力,主要是钢轨底部与垫板之间的摩阻力。

为了克服或减轻这种摩阻力,通常采用两个办法:变静摩擦为动摩擦;变动摩擦为滚动摩擦。变静摩擦为动摩擦,就是借助列车的碾压力克服钢轨底部与垫板之间的摩阻力,因此有了应力放散的第一种方法——列车碾压法。变动摩擦为滚动摩擦,就是让钢轨底部在一种特制的圆筒上滚动伸缩,从而让摩阻力大大减小,因此有了应力放散的第二种方法——滚筒放散法。

应力放散的第二个难题是轨温达到或接近锁定轨温。每年春秋季节的气温相对适宜,达到或接近锁定轨温的成功率高,但春秋季节的天气变化较快、温差大,不便利用。在气温合适时,放散应力能以轨温为准。如预计放散后锁定轨温为30 ℃,因此在实际轨温达到30 ℃左右时锁定即可,这就是温度控制法。滚筒放散法属于温度控制法,但在常规条件下,不可能达到或接近锁定轨温,如果此时必须放散应力,应借助轨温和自由伸缩的线性关系来放散应力,操作步骤为:先算出达到计划锁定轨温时钢轨应有的伸缩量,用人为干预的方法使钢轨伸长到结算结果的量,之后立即锁定线路,其锁定的轨温即为预期温度。因此得出应力放散的长度控制法和撞轨法。

应力放散的方法按性质可分为长度控制法和温度控制法,按施工特点可分为滚筒法、列车碾压法和撞轨法。进行长度控制法和温度控制法时,轨温均需在设计锁定轨温范围内,且应兼顾放散长度。

四、位移观测桩的设置

位移观测桩是检查爬行位移量、内应力是否均匀的重要辅助设施。

1. 位移观测桩必须预先埋设,而且埋设牢固,埋设时不得损坏路基和整体道床。在长轨条就位后或长轨条拉伸到位后立即标注在轨腰上,涂红底白铅油注明桩号、锁定轨温、埋设日期、桩号与桩号间的长度。标记应明显、耐久、可靠,字体清晰端正,观测桩连线与线路中心线垂直。

2. 每段无缝线路应设位移观测桩5～7对,固定区较长时可以适当增加对数。其中:伸缩区始点一对、伸缩区终点一对、固定区中间点一对,其余设置在固定区。

3. 跨区间和全区间无缝线路单元轨条长度大于1 200 m时设置7对位移观测桩。具体位置是:单元轨条起点、终点,距单元轨条起点、终点100 m、400 m和单元轨条中间点设一对。

4. 跨区间和全区间无缝线路单元轨条小于1 200 m时,设置6对位移观测桩。具体位置是:单元轨条起点、终点,距单元轨条起点、终点的100 m、400 m各设一队。

5. 单元轨节始终端位移观测桩应与单元轨节焊接接头尽可能对应,纵向相错量不得超过20 mm,每单元轨节内的位移观测桩之间的距离应符合要求,与固定区中点相对称。

五、施工作业程序

(一)施工准备

1. 单元轨节应按照轨条布置图进行划分,一般情况下单元轨节的长度为900 ~ 1200 m。

2. 位移观测桩的埋设位置应根据单元轨节划分情况在无缝线路锁定前进行埋设。

3. 有碴轨道地段位移观测桩设置在路肩上,观测桩距路肩边缘的距离为600 mm,埋入路基深600 mm,坑内周围填混凝土并抹平,桩顶与路基面持平。

4. 位移观测桩采用C30混凝土制作,中间植入ø 410 mm钢筋,露出10 mm,顶部锯成十字豁口。

5. 观测桩外围采用300 mm×300 mm砖砌结构,露出路基面200 mm,保护观测桩。

6. 位移观测桩在U形结构及地下区间地段设置在距两侧墙不小于500 mm的整体道床上,在此应充分考虑到有接触轨一侧的情况。高架桥上的位移观测桩应设置在桥梁以外的某一固定参照物上。

7. 整体道床地段位移观测桩应设置在走行轨两轨枕之间,高度略低于钢轨轨底。

8. 位移观测桩设置时应与线路方向保持垂直，曲线上应与切线方向垂直。

9. 位移观测编号应由小里程到大里程方向进行，编号方法为“C-D-乙”，“C”代表长轨条编号，“D”代表单元轨条编号，“乙”代表单元轨节内位移观测桩顺序号及上、下行（奇数为上行、偶数为下行）编号，并用阿拉伯数字标注（白底红字）。

10. 将埋设位移观测桩的结果填入“单元轨节应力放散及锁定作业记录”中。

11. 固定端的设置一般为 50 m，将待放散的单元轨节的前端与上一单元轨节（已锁定）的后端焊接。

12. 拆除待放散的单元轨节范围内及与之焊联的锁定无缝线路末端 50 m 左右范围内的全部扣件，并按安装要求分别放置钢轨两侧。

13. 扣件拆除及安装时严禁锤击、敲打，扣件应内外有别，钢轨内侧扣件点红漆加以识别，以防混装。直线地段“隔一拆三”，曲线段“隔一拆二”。

（二）应力放散及锁定

单元轨节中的两根长钢轨应同时进行应力放散，同时进行锁定，放散方法应根据现场实际情况确定。

1. 原位复焊法

当锁定轨温明确、钢轨断缝值与断缝两侧标记准确，切除钢轨长度、预留轨缝准确及本单元轨节和相邻单元轨节位移观测值均匀、位移量较小时，采用原位复焊法。

2. 自然放散法

当实测轨温处于计划锁定轨温（26±4）℃范围内时，采用垫聚四氟乙烯块配合撞轨器等设备进行应力放散。

3. 综合放散法

当实测轨温低于计划锁定轨温（26±4）℃时，则需要利用拉伸器、撞轨器、垫聚四氟乙烯块等设备联合作业。通过均匀拉伸单元轨节使其达到实际锁定轨温时应有的长度，从而使锁定轨温一步到位。其作业程序为:施工准备—拆除扣件—顶起钢轨垫聚四氟乙烯块—安装撞轨器—撞轨—测轨温、计算锯轨量和拉伸量—安装拉伸器—设临时位移观测点—拉轨并撞轨—观测位移量—拆除聚四氟乙烯块、钢轨落槽—组装扣件,线路锁定—反算实际锁定轨温值—设置位移观测桩。

具体实施方法为:

(1)零应力:在计划放散段自然温度的条件下松开全部扣件,钢轨下垫入聚四氟乙烯块,取出原有橡胶垫,使钢轨能自由伸缩,以100 m为单位进行爬行观测,并用撞轨器沿钢轨走行方向撞轨,当钢轨发生反弹现象时或曲线上钢轨位置居垫板中间时,即视为零应力,此时在各观测点上作出拉伸位移的零点标记,以便观测。

(2)计算拉伸量:钢轨放散至零应力状态后根据计划锁定轨温和现场实际轨温计算出钢轨拉伸量。

(3)计算锯轨量:当结合放散应力整治线路爬行时,锯轨量应为放散量、计划预留轨缝量和放散前原有轨缝之差和整治线路爬行时钢轨位移量三者的代数和。如不结合整治线路爬行时,钢轨位移量一项可不计;如单元轨节之间应力放散时,轨缝一项可不计,应另加重新焊接的铝热焊浇注宽度25 mm。

(4)安装拉伸器:将单元轨节与无缝线路不锯开的一端设为固定端,在锯开的一端安装拉伸器。

(5)观测位移量:在钢轨拉伸过程中,各观测点同时观测各点位移量的变化,拉伸量到计算长度后通知各观测点人员作出记号,此时撞轨器仍继续作业,当观测点在所作记号处出现反弹时(应力放散已均匀),停止撞轨,各观测点向现场负责人报告所在观测点钢轨的位移量。在计算总放散量时如考虑线路爬行导致的锁定轨温的变化值,则轨温变化度数=爬行量/(长钢轨长度×0.0118)。

(6)拆除撞轨器及轨下聚四氟乙烯块,安装好轨下垫板,使长轨条平稳地落入承轨槽内。

(7)测量轨温:单元轨节两端各测取三个轨温值,每次选取三个轨温值中比较接近的两个轨温取其平均值作为该端轨节的锁定轨温;然后将两端单元轨节的锁定轨温取其平均值作为本单元轨节的锁定轨温,并做好记录。

(8)锁定线路：当单元轨条头尾温度最大相差不超过2 ℃时，可以认为放散是均匀的，此时可以进行锁定：首先把无缝线路尾端50 m范围内的扣件应全部上紧，此时拉伸器继续保压，进行铝热焊的钢轨焊接；将作业人员分为5组均匀地分布在已完成应力放散的单元轨节范围内，同时进行紧扣件作业，每个小组从各自管辖范围的两端向中间紧固，采取“隔二紧一”的原则，当紧固至中间后，返身再向两端紧固其余的扣件。

(9)计算实际锁定轨温值：在锁定线路完成后，应拆除拉伸器，复核长轨条实际长度，换算出对应的实际锁定轨温值，若该值在计划锁定轨温范围内则认为合格，将换算出的实际锁定轨温值填入表内，否则锁定作业重新进行。

(10)设置位移观测桩：锁定作业完成后应立即进行零点标记，以线路两侧观测桩顶端刻画线为基点，拉出一道横线，以横线与线路的中心线的交叉线为基线在轨头外侧作出明显、耐久、清晰的标记，并在外测轨腰上标出位移观测桩号。

六、注意事项

1. 线路锁定前应掌握本地区轨温变化规律，根据各施工区段的特点，选定锁定轨温及施工时间，严格执行轨温测量制度，即作业前、中、后。

2. 应力放散时，应每隔100 m设置一个临时观测点测量钢轨拉伸前后的位移量，用实际位移与计算位移相比较，如果按实际锁定轨温应在设计锁定轨温±4 ℃范围内的规范来要求，位移差在2 ~ 3 mm内即认为拉伸均匀。密切注视放散时钢轨的位移量是否到位及放散后钢轨的反弹，确保应力放散均匀。

3. 锁定轨温应准确、可靠、符合设计规定，测量轨温时要对钢轨不同位置进行多点测量，取其平均值。

4. 应力放散后，两股钢轨应同步锁定，锁定后在钢轨轨腰位置设置位移观测点“零点标记”。

5. 线路锁定时实际轨温应严格控制在计划锁定轨温范围以内，执行无缝线路放散与调整基本原则有关规定。

6. 无缝线路锁定后，单元轨节左、右股钢轨始终端的相错量不宜超过

100 mm。

7. 撞轨器的安装位置应顺放散方向在焊头的后方不得小于5 m，直线上应每400 m左右放置一台，曲线地段每300 m放置一台。

8. 铝热焊焊头距轨枕边缘不得小于40 mm，并用油漆编号（白底红字），铝热焊焊接时拉伸器必须保压5 min以上。

9. 联合接头距整体道床和碎石道床交界处应大于4 m以上。

10. 放散时钢轨曲线外股锁定轨温不得高于里股。

11. 锯轨时，轨端不垂直度不得大于0.5 mm。

12. 关于无缝线路位移观测情况，一般月份每两月观测一次，冬季：12月～1月、夏季5～8月每月观测一次，月底同分析报告上报上级主管部门，同时做好一月一次钢轨单向、双向伸缩调节器观测记录。

13. 保证扣件、接头扭力矩达到规范要求，缓冲区接头扭力矩应达到900 N·m。

14. 建立健全无缝线路台账，施工中建立技术、质量保证体系，做到分工明确、责任到人，实行记名施工。

第四节　特殊地段无缝线路

特殊地段无缝线路包括桥上无缝线路、大坡道地段无缝线路和小半径曲线地段无缝线路。这些地段的无缝线路，因为受各种附加力的影响，其结构和设计同普通地段的无缝线路有所不同。本节介绍了特殊地段无缝线路的特点和要求。

一、桥上无缝线路

桥上铺设无缝线路，可以减小列车动力作用，改善桥梁运营条件，减少轨道维修工作量，延长轨道部件和桥梁的使用寿命。

高架桥分钢筋混凝土梁桥和钢梁桥，桥上道床又分为整体道床和碎石道床，一般在单体桥上采用碎石道床，其他桥采用整体道床。

(一)特点

1. 桥梁和无缝线路处在悬空的位置,空气流通,轨温变化比地面无缝线路要小,因而作用于钢轨断面上的温度力较小。

2. 无缝线路的轨道框架安装了防脱护轨,高架桥上半径 $R \leq 400$ m 的曲线缓圆点、缓圆点前后 50 m(圆曲线部分 20 m,缓和曲线部分 30 m)下股钢轨内侧安装了新型护轮轨装置,从而使轨道框架刚度增大。

3. 桥上无缝线路的钢轨用扣件联结于桥枕上,而桥枕又通过道床联结于桥梁上,这就形成了一个紧密、牢固的整体框架。钢轨在轨温变化时要产生伸缩,这同地面上的普通无缝线路一样,与此同时,桥梁也不可避免地要产生伸缩。此外,桥梁在列车荷载的作用下,还要发生绕曲,反过来又要带动钢轨发生绕曲。桥梁的伸缩力与钢轨的温度力叠加,桥梁的挠曲力与钢轨的动弯应力叠加,这就使桥上无缝线路的钢轨在承受巨大的温度力之外,还要承受巨大的纵向附加力,从而使其受力状况变得更加复杂。对于有砟桥面而言,由于梁和轨之间有一个起缓冲作用的道砟层,加上钢筋混凝土梁刚度较大,实际挠曲度较小,伸缩量也较小,所以给钢轨带来的纵向附加力也相对较小。

(二)要求

1. 有砟桥

(1)有砟桥上铺设无缝线路,可按一般无缝线路办理,但线路接头应在桥头两端 10 m 以外,以避免列车对桥梁的冲击力。

(2)跨度在 32 m 及以下的有碴桥,桥全长应在无缝线路固定区内,桥头两端 100 m 范围内按伸缩区锁定。

(3)有砟桥上应使用分开式扣件。

(4)有砟桥面较路基面窄,道床宽度受到限制,往往在起道后,道床宽度缩小,势必减小道床横向阻力,对无缝线路的稳定不利。

2. 无砟桥

(1)尽量使固定区位于桥上。

(2)尽量使桥上长轨条锁定轨温和桥外长轨条锁定轨温保持一致。

(3)尽量避免在桥上设铝热焊缝。

(4)梁上主轨不设防爬器,是为了钢轨和桥枕不致扣得太紧,减少纵向附加力影响。

(5)采用分开式扣件。

(6)大跨度桥上设置伸缩调节器,

大跨度桥上无缝线路安装伸缩调节器,可使桥梁在伸缩和挠曲时对长轨条产生的纵向附加力通过该装置得到放散。从这种意义上说,设置了伸缩调节器的大跨度桥上无缝线路,其性质已由温度应力式无缝线路变为自动放散温度应力式无缝线路。

伸缩调节器设在桥梁活动支座端对应处的轨道上。伸缩调节器由基本轨、尖轨、大垫板、轨撑、导向卡等组成。

综上所述,桥上无缝线路除承受温度力外,还要承受桥梁伸缩和挠曲传递给钢轨的纵向伸缩附加力和挠曲附加力。纵向附加力的大小随气温、梁跨、线桥连接状况、桥头线路阻力、行车密度和支座设置方式等因素的变化而变化,但其分布形式却有一定规律,即固定支座附近是附加拉力,活动支座附近是附加压力。纵向附加力使桥上无缝线路受力增大,状况复杂,因而桥上无缝线路有其特殊的结构形式和铺设要求。

二、大坡道地段无缝线路

大坡道地段无缝线路,是指坡度大于12‰的无缝线路。其特点主要有两个:

1. 由于下坡列车制动或上坡牵引,制动力或牵引力和坡道分力会导致轨道爬行较其他地段严重,使钢轨内应力发生变化,对轨道的强度和稳定性产生不利的影响。

2. 下坡制动和上坡牵引的瞬间,车轮会对轨面造成擦伤、剥离和磨损等较严重的伤损,从而使钢轨寿命和更换周期缩短。

解决的根本措施就是提高线路阻力,如固定区防爬锁定,采用加强线路阻力的设备等。为防止轨道过量爬行造成应力集中,在两坡道相交的纵断面处还设有缓冲区。

三、小半径曲线地段无缝线路

目前实践证明，在半径小于600 m的曲线地段铺设无缝线路时，轨道结构稳定，维修工作量少，发挥了无缝线路应有的技术经济效益。但是曲线上的钢轨随半径减小，磨耗量增大，使用寿命缩短。

考虑到上述因素，在小半径曲线上设计、铺设、使用无缝线路时，应注意以下几点：

1. 最小曲线半径小于400 m，要根据具体线路的运量、机车、轨道的变化，并考虑原轨道的磨耗情况来决定。

2. 轨道结构要适当加强。钢轨不低于50 kg/m，并尽量采用淬火轨或低合金耐磨轨铺设。

3. 按规定选择、配置轨枕，道床内、外侧肩宽和堆高要按相应规定设置。

4. 一个小半径曲线，最好单独铺一节长轨，伸缩区最好设在直线上。

5. 为防止胀轨跑道，应控制残余变形，用5 m弦测量的正矢$f \leqslant 9$ mm。

6. 合理设置轨距、超高等几何参数，并采用对曲线钢轨涂油等措施，延长钢轨使用寿命。

第十章　轨道交通施工安全监测

第一节　明挖法施工安全监测

一、明挖法施工监测

（一）监测范围和控制点

根据基坑的重要程度、地质条件和环境条件，确定基坑监测范围。一般情况下，一级基坑监测范围为基坑边线外3～5倍的开挖深度；二级基坑监测范围为基坑边线外2～3倍的开挖深度；三级基坑监测范围为基坑边线外1～2倍的开挖深度，遇到特殊情况，应进行调整。根据基坑可能的影响范围，确定监测控制点的布置，控制点一般包括基准点和工作基准点。水准基准点一般应布置在距离基坑开挖边线外一定距离，该距离一般应大于3～5倍基坑开挖深度。为方便校核，水准基准点个数不应少于3个，水准基准点和测点之间可设置工作基准点，组成监测控制网。

（二）主要监测项目

监测项目、测点布置，例如地质环境、建筑物位置和结构物、道路和交通的监测。

根据基坑的重要性、地质条件、基坑形状和规模以及周边环境条件，确定基坑重要程度，而后根据基坑的重要程度确定监测项目、测点布置。

(三)测点埋设方法

1.控制点埋设方法

(1)沉降基准点的埋设方法

沉降监测根据监测点相对于基准点的高程变化进行。可以利用永久基准点或工程施工时使用的临时基准点,作为监测基准点,也可根据现场的具体条件和沉降监测的时间要求埋设专用基准点,如图10-1所示。基准点要定期进行校核,防止其本身发生变化,以保证沉降监测结果的正确性。基准点应在沉降监测的初次观测前一个月埋设好,待其自身沉降稳定后,基准点间应进行联网观测。变形监测应按照二、三级变形测量的等级及精度要求进行。

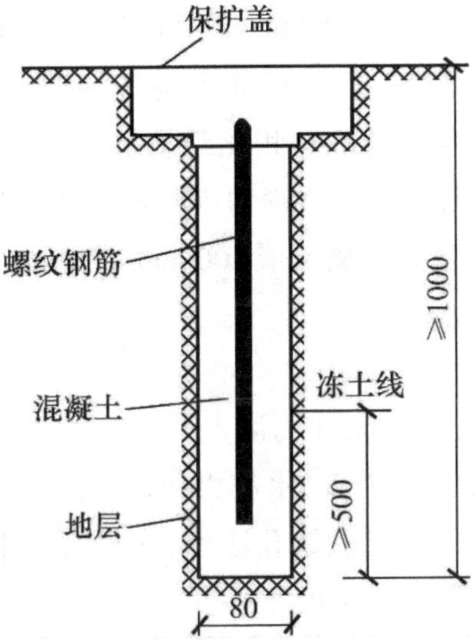

图10-1 沉降观测水准基点埋设示意图(尺寸单位:mm)

沉降基准点埋设方法如下:①一般采用钻机成孔或人工挖孔,直径不应小于100 mm。根据地质情况,钻孔应进入比较稳定的地层,尽量穿过人工填土层,钻孔深度不应小于1.0 m。②夯实孔洞底部并清除渣土。③浇筑C20以上混凝土,并振捣密实,混凝土顶面距地表约5 cm。④在孔中心位置插入螺纹钢筋,直径一般不应小于22 mm,长度不小于1.0 m,露出混凝土表面1 ~ 2 cm;上部加装保护盖,养护14 d以上。

埋设基准点应注意：基准点应布置在施工的沉降影响范围以外，保证其坚固稳定；尽量远离道路、铁路、空压机房等，以防受到碾压和振动的影响；力求通视良好，与工作基点之间的距离不宜超过 100 m，以保证监测精度；避免将基准点埋设在低洼易积水处，同时为防止土层冻胀的影响，基准点的埋设深度至少要在冰冻线以下 0.5 m。

（2）水平位移基准点的埋设方法

根据施工现场及周边情况，在距基坑开挖深度 3 ~ 5 倍范围以外的稳定位置埋设水平位移基准点。基准点埋设时用冲击钻钻孔，清水冲洗干净，并灌入水泥浆，插入直径不小于 22 mm 的螺纹钢筋，埋设深度不应小于 1.0 m。钢筋顶部锯十字小槽并涂防锈漆做标记，以便仪器对中。

（3）工作基点和工作基站点的理论方法

工作基点埋设方法：人工挖坑，直径不应小于 100 mm，深度不应小于 50 cm，在坑中先灌入混凝土，然后插入钢筋，钢筋直径不应小于 22 mm。一般情况下，工作基点和基准点相比距基坑更近，受施工影响可能会产生沉降和水平位移，因此每次监测均应测试其位置坐标。工作基站点选择合适位置，用钢筋混凝土浇筑成 200 mm×200 mm×1200 mm 的墩台，墩台顶部埋设强制对中器。

2. 监测点埋设方法

（1）墙（桩）侧土压力和水压力测点

土压力测试一般用压力盒，水压力测试一般用渗压计。压力盒安装采取挂布法、顶入法、弹入法、钻孔法等，一般情况下在围护墙（桩）外侧土体中钻孔埋设，如图 10-2 所示。

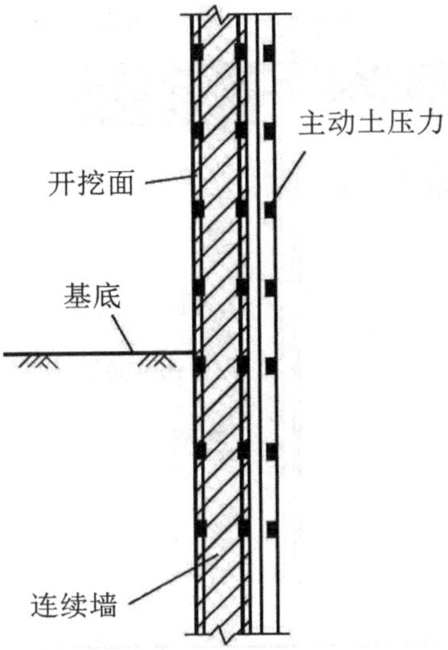

图 10-2 钻孔埋设方法

具体步骤如下:①根据设计位置测量放线,确定孔位。开钻之前,应进行管线探测,确保钻孔位置没有任何管线。②钻孔至设计深度,清槽提杆,进行土压力盒的安装固定。将土压力盒绑扎在之前焊好的钢筋梯上,理顺导线。③逐节下放已安装土压力盒的钢筋梯,两钢筋梯之间采用钢丝绑扎或焊接。下放时保证土压力盒受力面朝向基坑外侧。④用黏土球或细砂填充土压力盒与孔壁间隙至地面,做好端部保护装置。

渗压计的埋设方法和压力盒类似,但渗压计和钻孔壁之间应填充中粗砂,如有多层承压水层,应填充黏土,将上下含水层隔开。

(2)地表沉降测点

在较为松软的地基上埋设地表点可直接钻或挖 30 ~ 100 mm 深的孔。竖直放入 12 ~ 22 mm 的钢筋,钢筋和孔壁之间填充水泥砂浆,使其与地层粘结紧密。考虑到施工场地条件复杂,钢筋头不要露出地面,以免受外界因素干扰破坏。另外,最好在钢筋头上点焊一圆弧点,以减小每次立放尺子的误差。在混凝土路面上,地表测点应用冲击钻在路面上钻孔,穿透混凝土路面,并进入地层不少于 30 cm,然后插入钢筋,在土层中的钻孔部分用水泥砂浆回填密实;路面范围内的钻孔用黏土回填,保证钢筋与下部土体固结而与上部路面分离,并在路面处做保护盖,如图 10-3 所示。

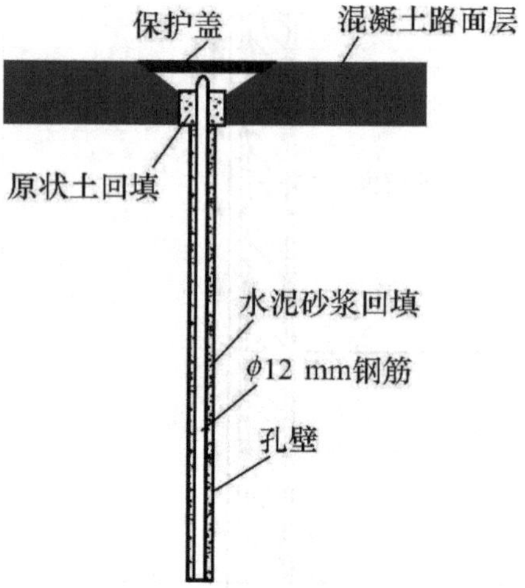

图 10-3　地表测点埋设示意图

（3）土体水平位移测点

在需要监测位置钻垂直孔，直径不应小于 100 mm。孔深一般应和围护结构长度相等，逐节接入测斜管，测斜管与钻孔间的空隙回填细砂或黏土球。安装和埋设时，检查测斜管内的一对导槽，其指向应与预测位移方向一致。埋设结束后，及时做好孔口保护装置。钻孔过程中应特别注意地下管线及构筑物安全，应先挖探孔，准确探明管线和构筑物位置后，再开始钻孔，应严格控制钻孔速度。遇到异常，应立即停钻，查明原因，防止对地下管线和构筑物造成破坏。测斜管钻孔埋设如图 10-4 所示。

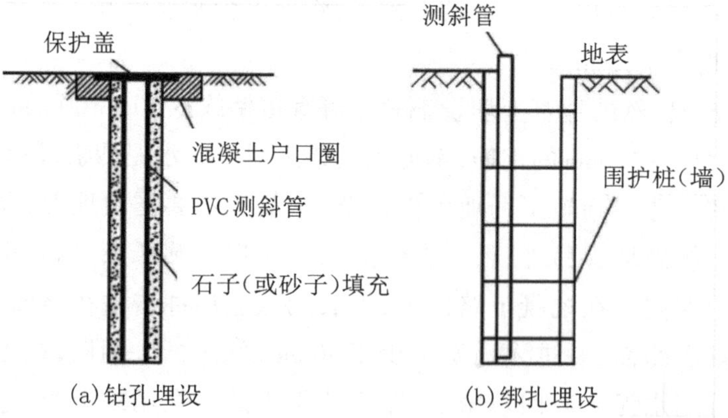

图 10-4　测斜管钻孔埋设示意图

（4）土体分层沉降测点

用钻机在预定孔位上钻孔，用纸绳将磁环的三脚爪捆套在管外各预定部位，然后逐节放入沉降导管。纸绳受水浸泡断开后，磁环的三脚爪即张开，使磁环牢固地嵌入土体中。

（5）水位观测孔

采用钻机钻孔，孔深根据现场条件及水位管的直径而定，应确保测出施工期间水位的变化。对于潜水层，钻孔直径一般不小于80 mm，水位孔的深度一般应低于需要监测的水位。成孔后，放入裹有滤网的水位管，管壁与孔壁之间用中砂回填至离地表1.0～2.0 m处，再用黏土进行封填，以防地表水流入。水位管用ø 55 mm的PVC塑料管作滤管，管底加盖密封，防止泥沙进入管中。下部留出0.5～1.0 m深的沉淀管，管上不开孔，用来沉积水中的泥沙，滤水管壁周围应带有直径6 mm透水孔，透水孔纵向间距5～10 cm，相邻两列孔交错排列，呈梅花形布置。管壁外包扎滤网或土工布作为过滤层。

对承压水水位进行观测时，则需埋设深层承压水位孔。承压水位孔的钻孔设备基本上与普通水位孔的钻孔设备相同，其深度必须进入承压水层，滤水段位于承压水层内，其外部用中细砂充填，其余段直至地面均不设渗水孔。管外采用黏土球或水泥土等不透水材料密封，以切断地层内承压水与上部地层的水力联系。

（6）墙（桩）水平位移测点

将PVC测斜管逐节绑扎在墙体钢筋笼骨架上或型钢上，管间用套管连接，接头用自攻螺钉拧紧，并用防水胶带密封。管壁内有两组互为90°的导向槽，固定时使其中一组导向槽与围护结构的位置方向基本一致，并在管内注满清水，防止其上浮。测斜管管底及管顶用布料堵塞，盖好管盖。下钢筋笼和浇筑混凝土时应注意保护测斜管，并保证测斜管位于钢筋笼内远离基坑一侧。

（7）墙体内力测点

围护结构墙（桩）钢筋笼制作前，在钢筋计预埋位置将主筋切断，焊接钢筋计拉杆，连接上钢筋计。如钢筋主筋采取螺纹套管连接，则在钢筋计预定埋设位置断开钢筋后，将两端钢筋接头车丝，直接将钢筋计拉杆拧在钢筋接头上，然后绑扎钢筋笼。钢筋计在钢筋笼竖向主筋上的间距一般为5～10 m。

在钢筋笼焊接过程中，应注意保护钢筋计及导线，避免它们被烧坏、烫坏。所有导线均应引至接近钢筋笼或型钢顶端，并进行标号标记，外加保护管或保护箱。为防止破除桩头混凝土的过程中损坏导线，应在导线端头1.0～2.0 m位置上用不同颜色防水胶带缠绕，并记录编号与颜色的对应关系，以备导线破坏后，再次编号时备用。

(8)支撑轴力测点

明挖结构水平钢支撑轴力采用钢弦式轴力计(又称反力计)测试。测点布设随钢支撑安设同时进行，架设钢支撑时，将轴力计支架焊接于钢管支撑固定端，轴力计放入支架内，并保护好引线。如果水平横撑为钢筋混凝土支撑，则可用钢筋计和混凝土应变计进行钢筋应力和混凝土应变测试。混凝土应变计可直接埋入混凝土中，并将测线引出。

(9)中间柱轴力测点埋设方法

在中间柱钢管内侧，选取一断面，沿着管壁一周均布4个应变计，分别用4根细导管将导线引至端头，并做好端头处理。

(10)静力水准沉降测点埋设方法

静力水准沉降测点主要用于基坑附近有地铁结构和重要建筑物的沉降观测，静力水准仪应安设在建筑物基础、结构侧墙、梁、柱或既有线道床上。静力水准沉降测点布设、管路安装的具体步骤如下：①按要求在测点处安设支架，并在支架上布设3个均匀分布的螺杆。②检查各测墩顶面水平及高程是否符合设计要求。③检查支架上预先安装的钢板及3根安装仪器螺杆是否符合设计要求。④预先用清水和蒸馏水冲洗仪器主体容器及塑料连通管。⑤将仪器主体安装在支架钢板上，用水准器在主体顶盖表面垂直交替放置，调节螺杆螺丝使仪器表面水平及高程满足要求。⑥将仪器及连通管系统连接好，从仪器末端徐徐注入特种溶液，排除管中所有气泡，连通管需有槽架保护。⑦将浮子放于主体容器内。⑧将装有电容传感器的顶盖板装在主体容器上。

(11)主体结构测点

主体结构测点主要包括层板下沉、层板内力、结构侧墙及立柱水平收敛等。具体埋设方法如下：层板下沉测点布设时用水泥钉或射钉打入层板内即可，也可以直接在层板上喷漆做点；收敛测点埋设时，分别在钢管柱外侧用带钩的抱箍将测点固定在立柱或结构上，注意调整好两点的水平高度。层板内力测点在埋设时分别在层板钢筋绑扎时上下各选取一根主筋，采用搭接焊或螺纹套筒形式将钢筋计固定在主筋上，埋设方法和墙体内力测点埋设相似；混凝土应变测试可采用混凝土应变计，直接将其埋入混凝土中待测位置，并将测线引出、编号和保护。

(12)建(构)筑物沉降测点

工程影响范围内的重要建(构)筑物应布设沉降监测点，监测点的布设必须根据建筑物的位置、基础形式、结构特点、荷载分布等因素综合确定。应在建筑物的四角、基础、立柱等重要部位布置测点。

对于混凝土或砖混结构建(构)筑物测点埋设时，先在建筑物的基础或墙上钻孔，然后将"L"形钢筋预埋件放入，孔与测点四周空隙用水泥砂浆填实；对于钢结构形式的建(构)筑物，无法在上面钻孔埋设，可采用焊接的形式，使测点和结构连成整体。测点基本布设在被测建筑物的角点上，测点的埋设高度应方便观测。同时测点应采取保护措施，做好明显标志，并进行编号，避免在施工和使用期间受到破坏。每幢建筑物上一般至少应在4个角布设4个观测点，特别重要的建筑物应布置8个或更多测点。

建筑物倾斜测点采用8 cm×8 cm的反射膜片，埋设时将基面处理干净，将膜片牢固贴在基面上。测点埋设在建(构)物主体竖轴线的顶部及底部相对应位置。测点与基准点之间应通视良好，旁边无遮挡物和反光物。

(13)地下管线测点

地下管线观测可根据现场环境以及管线的重要性，选择不同的埋设方式。对于周边环境空旷，可将管线挖出或管线进行改移的情况，可采取抱箍法埋设；对于管线埋置较浅或观察范围内有管线检查井的情况，可采取直接法埋设；对于无法采取抱箍法和直接法观测的管线，可以采取模拟法埋设测点。

抱箍法。在准确探明管线埋深的情况下，先在管线位置上方钻50～80 cm深的孔，结合管线的改移，用抱箍将管线抱住，并将包箍和测杆紧密连接，测杆沿钻孔伸向路面，在路面处加盖保护，以保证道路交通和人员正常通行，并防止钻孔中进入水和杂物。抱箍法主要用于十分重要的管道，如煤气管、压力水管等。

直接法。观测范围内有检查井的管线，直接打开检查井，将监测点布设到管线上或者管线承载体上，利用凸出部位涂上红漆或粘贴金属物（如螺帽等）作为测点。

模拟法。对于地下管线排列密集且管底高程相差不大，或因各种因素无法开挖的情况，可采用模拟法测点。即在管线周围的地面上钻孔，直径不应小于100 mm，孔深至管底高程附近，取出浮土后用砂铺平孔底，先放入一块不小于ø 50 mm的钢板，然后放入ø 20 mm的一根钢筋作为测杆，周围用细砂填实。

第二节　暗挖法施工安全监测

一、暗挖法施工监测

（一）目测

在施工过程中对开挖面附近围岩的岩石性质、状态进行目测，对开挖后初期支护的稳定状态进行目测，其内容包括：

（1）围岩类型及分布特征，结构面位置和产状，节理裂隙发育程度和几何特性，节理裂隙填充物的性质和状态等。

（2）开挖工作面的围岩稳定状态，顶板有无剥落、掉块现象。

（3）是否有涌水，涌水量大小，涌水位置，地下水的物理性质（颜色、气味、色度等）。

对开挖后已支护段的目测内容包括：

（1）有无锚杆被拉断或垫板陷入围岩内部的现象。

（2）喷混凝土是否产生裂隙或剥离，要特别注意喷混凝土是否产生剪切破坏。

（3）钢拱架有无被压屈现象。

（4）是否有底鼓现象。

(二)地面、建(构)筑物、管线监控量测

测点布设包括控制点(水准基点,工作基点)及监测点(地表点、建(构)筑物测点、管线测点等)的布设。

1.控制点的布设

(1)水准基点的埋设

确定水准基点点位时,必须保证点位所在地的地基坚实稳定、安全可靠,并利于标石长期保存与观测。水准基点应尽可能远离工程施工影响范围。

根据工程沿线的地质条件,水准基点拟埋设于施工或降水造成的变形影响深度以下的地层内,采用深层金属管水准基点,埋深约30～40 m。地面开孔采用水井钻机施工,彻底清孔后下保护管,管与孔壁间回填黏土,然后在保护管内下基点底座和标杆。底座用水泥固牢(浇固厚度2 m);标杆上每隔3 m设置导正器,且导正器与保护管接触部位涂抹润滑油。

(2)工作基点的埋设

工作基点应根据地层土质状况确定,一般采用混凝土普通水准标石。标石埋设在地表以下1.5～2.0 m左右的深度,位于靠近观测目标且便于联测观测点的稳定或相对稳定位置。工作基点标石顶面的中央为圆球状不锈钢的金属水准标志。标志须安放正直,嵌接牢固,其顶部应高出标石1～2 cm。

(3)监测控制点的保护

标石埋设后,在点位四周砌筑规格不小于1.5 m×1.5 m×1.0 m的砖石护墙,并围绕标志砌筑内径为0.5 m×0.5 m×0.5 m的砖石方井或圆井,上加盖板,并设置醒目的保护指示牌,做好标记以便长期观测。

2.监测点的埋设

(1)建(构)筑物监测点

在工程施工影响范围内,选取有代表性的高大建(构)筑物、民居危房、古建筑物及重要地下管线等结构上布设位移监测点。测点的布设必须根据观测目的、建筑物的大小、结构特点、荷载分布等因素综合确定。在建筑物的四角、大转角处及伸缩缝、沉降缝上布设沉降监测点。

建筑物测点埋设时，先在建筑物的基础或墙上钻孔，然后将预埋件放入，孔与测点四周空隙用水泥砂浆填实。测点基本布设在被测建筑物的角点上，其埋设高度应方便观测，同时测点应采取保护措施，做好明显标志，进行编号，避免在施工和使用期间受到破坏。每幢建筑物上一般至少在四个角部布置4个观测点，特别重要的建筑物布置6个或更多测点。

建筑物倾斜测点通过在建筑物外表面上粘贴刻有十字刻度的贴片进行布设。

地下管线测点布设一般采用地层模拟法和抱箍法，即在管线位置上方钻50～80 cm深的孔，然后将预埋件放入，并用水泥砂浆固定，或结合管线的改移，用抱箍将测杆与管路紧密连接，伸至地面。地面处布置相应的窨井，保证道路交通和人员正常通行。应对测点采取保护措施，避免在施工和使用期间受到破坏。

(2)地面监测点

地面监测点的埋设，应首先在地面开ø 100 mm的孔，打入顶部磨成椭圆形的ø 22 mm螺纹钢筋(如果是混凝土路面，钢筋底部至少应进入到路面下的路床上20 cm，并与路面分离)，然后在标志钢筋周围填入细砂夯实。为了防止因路面沉降导致测点沉降，影响监测结果，可用混凝土或水泥固牢。最后还应在监测点上部用铁盖加以保护。

(三)水平净空收敛、拱顶下沉监测

暗挖隧道测试断面一般沿隧道纵向间隔布设。测试断面间距根据监测项目的要求而有所不同，一般每5～100 m布设一个断面。对于暗挖车站，每个导洞均应布设断面。

水平净空收敛和拱顶下沉一般布设在同一断面，且尽可能靠近开挖面，一般要求不超过2 m。水平收敛测点是在被测结构面上用风钻或冲击钻成孔，孔径为40～80 mm，深20 cm。在孔中填塞水泥砂浆后，插入收敛预埋件，上好保护帽，待砂浆凝固后即可进行监测。

拱顶下沉测点一般用直径6 mm的钢筋弯成三角形，固定在待测结构面上。监测时用一把长度适宜的(长度依据隧道高度而定)钢卷尺，尺端

连一个挂钩，挂在测点上。

(四)其他监测项目

1. 初期支护与二次衬砌钢筋应力监测

将钢筋计串联焊接在被测主筋上，安装时应注意尽可能使钢筋计处于不受力状态，特别不应处于受弯状态。将钢筋计的导线逐段捆在邻近钢筋上，引到测试匣中。喷混凝土或二次衬砌混凝土施作后，检查钢筋计的电阻值和绝缘情况，并做好引出线和测试匣的保护措施。

2. 围岩压力、接触压力监测

先根据预测的压力变化幅度来确定压力盒量程。压力盒采用直接法埋设在初期支护与土体及初期支护与二次衬砌之间，采用初期支护喷混凝土或二次衬砌灌注混凝土后 12 h 的三次读数的平均值作为接触压力测试初始值。

3. 土体水平位移监测

利用钻机钻孔，将测斜管直接埋设在土中进行土体水平位移监测。安装和埋设测斜管时，检查测斜管内的一对导槽，其指向应与欲测位移一致。在未确认导槽畅通时，不得放入真实的测头。埋设结束后，量测导槽方位、管口高程，及时做好孔口保护装置，并做好记录。

4. 土体分层垂直位移监测

土体分层垂直位移测点一般在地下结构中线(拱部)所对应的地面提前钻孔布设，以测试施工全过程的动态变化。根据工程的重要程度及结构跨度，可选择一个测点或多个测点，并在纵向选择 3 ~ 5 个有代表性的断面布设测点，相互对比验证。在每一测孔内沿深度方向每间隔一定距离设置一个孔内测点，量测不同深度的变位情况，具体间隔长度视工程需要而定。

使用分层沉降仪测量土体分层垂直位移时，应首先将分层沉降管通过钻孔埋入地层中，用水准仪测出管口的高程，并测出各道钢环的初始位置(深度)。在施工过程中，每次都要测定钢环的位置和管口高程。通过比较前后两次量测钢环相对位置，即可求出地层的沉降变化。测定钢环位置时须缓慢地上下移动电磁探头，当接收仪上的指针偏转最大时，从钢尺上读出钢环的相对深度位置。量测频率一般为每周两次,地表下沉较大时,应加密量测频率。

使用钻孔多点位移计测量土体分层垂直位移时,同样须预先在测孔位置处钻孔埋设测试元件。因测得的各点位移为相对孔口的位移,所以需用水准仪测出孔口高程前后两次测得的变化值。量测频率同分层沉降量测。当有重要管道(如煤气管、高压水管)在隧道顶部地层通过时,应进行该项量测,以控制其沉降值,确保管线安全。

第三节 盾构法施工安全监测

地铁盾构法施工过程中不可避免会扰动地层,引起地层的变形及地面沉降,从而导致邻近建(构)筑物和地下管网等结构物附加变形和附加内力的产生。隧道结构物(主要是管片衬砌)在周围水、土体、自重、施工千斤顶、注浆等作用下会产生变形,当变形超过一定范围时也会影响结构的使用、稳定和安全。因此,盾构法施工过程应主要针对地层、隧道结构、周围环境进行监测,以确保施工过程中工程本身的安全和减少施工对周围环境的影响。

为准确获得土层、衬砌结构和周围环境的动态数据,需在盾构掘进前测出各个监测点在稳定时的初始读数,以便与掘进后测得的数据进行比较,获得实际的变化情况。盾构法施工监测的主要目的有两个:一是掌握盾构施工对周围土体、临近建(构)筑物的影响以及衬砌结构的内力、变形情况,以便采取适当处理措施;二是根据动态观测结果判断施工的优劣并改进施工方法。

盾构法施工监测的关键环节是对盾构施工参数的监测与管理。在盾构推进过程中不断观察设定土压力值、盾构推进速度、推进油压、盾构姿态、注浆量、注浆压力、出土量等是否在优化施工参数范围内,发现异常情况应及时进行调整并做好详细记录。

地铁盾构法施工监测主要有以下几项内容:

(1)洞内外观察。主要是对洞内的管片衬砌变形与开裂情况、洞外的地面沉降、开裂与建(构)筑物开裂等进行肉眼观察,每天至少1次。

(2)地面沉降(或隆起)及地下管线沉降监测。

(3)邻近建(构)筑物状态监测。采用精度不低于±2 mm/km的水准仪、精度不低于±2″的经纬仪、精度不低于±2 mm/km的全站仪、精度不低于±0.1 mm的裂缝观测仪进行监测。周围建(构)筑物的沉降和倾斜监测频率与地面沉降的观测频率相同,建(构)筑物裂缝监测频率按两次观测期间裂缝发展不大于0.1 mm及裂缝所处位置确定。

(4)管片衬砌变形监测。可利用精度不低于(±2″,±2 m+2 mm/km)的全站仪、±0.06 mm的收敛仪、±1 mm的断面扫描仪进行。每一盾构施工的区间隧道设1～2个主测断面,分别在衬砌拼装成环尚未脱出盾尾(即无外荷载作用)时和衬砌环脱出盾尾承受外荷作用且能通视时的两个阶段进行监测。

(5)土体分层沉降及水平位移监测。可利用±1.0 mm的分层沉降仪和±0.02 mm/0.5 m的测斜仪进行,应与主测断面相对应设1～2个主测断面。

(6)管片衬砌和地层间接触应力监测。可利用±0.15 %精度的土压力盒配合频率接收仪进行,应与主测断面相对应设1～2个主测断面,每一断面不少于5个测点。

(7)管片内力监测。可利用±0.15 %精度的钢筋应力计、混凝土应变计、螺栓应力计等进行,应与主测断面相对应设1～2个主测断面,每一断面不少于5个测点。

盾构开挖面的土压力是重要的施工参数,它直接反映盾构掘进时正面土体的挤压程度。土压值应根据地面隆起沉降情况进行调整以减少地面沉降。盾构推力、推进速度,出土量应通过不断监测与调整使之始终处于最佳匹配状态,以达到维持盾构正面土压的稳定、减少对周围土体挤压影响的目的。

盾构同步注浆或管片壁后注浆的数量和压力对控制盾尾建筑空隙具有重要意义。土层条件不同,注浆量和注浆压力也必须进行调整。注浆压力值是由地层阻力强度与注入条件决定的。注浆压力过大时,钢管片会先出现管环变形,接着主梁和肋板也会相继变形,还可能会使K形混凝土管片螺栓剪断。

盾构姿态控制(盾构推进方向、盾尾纠偏、仰头推进、曲线推进等)对周围土体的影响很大，盾构蛇行量过大易引起对周围土体的挤压并增大盾尾空隙量。盾构姿态可采用测量机器人自动量测与控制。

洞内外观察是盾构法施工的最基本监测。通过它可对盾构施工情况做出综合的直观判断（比如管片变形、开裂、错台、拼装缝、掉块、漏水状况、盾构机施工的异常响动、渣土的流塑化状态等），应根据工程的特点定期进行观察。另外，在盾构始发和到达时还要注意观察盾构基座、后备支撑、封门等的变形情况。洞外观察主要是对地面开裂、地面隆起、建（构）筑物开裂、倾斜、降沉等状况的观察和记录。洞内观察和洞外观察应根据隧道内和周边建（构）筑物环境情况确定观测频率，每天至少一次。

地面沉降是盾构施工过程中产生的地层损失引起的地层移动，其变化呈现以盾构机为中心的三维扩散分布。因此，既要沿盾构轴线方向布置沉降测点，又要在隧道中心轴线两侧规定范围内设置横向监测点。而且，盾构始发段应适当加密布点，并布置一定数量的横向监测断面，为盾构施工参数的优化与调整提供依据。纵向地面测点间距为10～30 m，在地层或周边环境较复杂地段应布置横向监测断面。横向地面测点的布置范围一般可在地铁结构外沿两侧各30 m范围内布设，每排横向地面测点不宜少于7个，且应按照近密远疏的原则布置。在工法和结构断面变化的部位（比如车站与区间结合部位、车站与风道结合部位等）应设置监测点。监测频率应根据盾构施工情况、监测断面距开挖面的距离和沉降速率确定，出现异常情况时应增大监测频率。一般情况下掘进面距监测断面前后≤20 m时1～2次/天，掘进面距监测断面前后≤50 m时1次/2天，掘进面距监测断面前后＞50 m时1次/周，数据分析确认沉降基本稳定后1次/月。

隧道结构断面各阶段的动态收敛变形监测非常重要。一旦隧道变形过大甚至超出建筑限界或出现渗漏水，处理起来将非常困难，甚至会危及隧道结构的稳定和安全。隧道结构变形可用衬砌环的椭圆度表示（实测椭圆度=横径-竖径）。

衬砌变形收敛监测要求是：尽快靠近开挖面设置；监测点保管完善；不干扰正常施工；能快速直接读数；灵敏度高。衬砌变形收敛监测主要分两个阶段：第一阶段可监测到管片仅在自重作用下的初始椭圆度，并对其适当调整(通常情况下,管片衬砌的初始椭圆度应控制在隧道衬砌直径的0.5%范围内);第二阶段是衬砌环在外荷作用下进一步发生变形,衬砌的变形使外荷进行重分布,外荷的分布改变又进一步限制了衬砌变形,最终,衬砌变形在变化荷载的作用下趋于稳定。

管片衬砌变形监测主要包括隆沉监测、水平位移监测及断面收敛变形监测。盾构施工的每一区间隧道应设1～2个主测断面,如采用收敛仪进行管片衬砌收敛监测则应在主测断面的拱顶、拱底和两个拱腰处共埋设4个测点,以量测横径和竖径的变化,并以椭圆度表示管片圆环的变形。管片衬砌的变形监测还可采用满足精度要求的电子全站仪、水准仪。管片衬砌的断面收敛变形监测如采用收敛计进行,则监测频率如下:衬砌环脱出盾尾后1次/天;距盾尾50 m后1次/2天,100 m后1次/周,基本稳定后1次/月。

土体竖向位移通过土体分层沉降量的量测进行。钻孔埋设塑料测管的深度,对位于隧道顶部的测管不应深于隧道拱顶标高,其他位置的测管则应深于隧道拱底。如采用分层沉降仪进行监测,可在钻孔后用专用送管器具将带弹簧爪的磁环沿测管外壁送到设计标高,并使弹簧钢爪嵌入周围土层内。钻孔空隙应用黏土球填实,达到磁环与土体连成一体的目的,这样磁环的位移就反映了同土层的竖向位置。如采用波纹管沉降标进行监测,则其应在地面制作,即在测管外壁套上一段长度大于30 cm的塑料波纹管,管口两头与测管粘结,钻孔后与测管一起插入。钻孔空隙用黏土分层填实,使波纹管与土体紧密相连,波纹管上磁块产生相同的竖向位移。当用测斜管进行土体水平位移监测时,测斜管可采用ø 73 mm的聚乙烯管,内壁应有十字槽,槽口可嵌入测斜仪的两组滑轮,测斜管的材质应满足与土体共同变形的要求。土体水平位移量测时,将测斜仪沿测斜管十字槽口缓缓放入管底,然后缓缓上拉,每0.5 m或1.0 m读数一次。拉出管口后将测斜仪旋转180°再次放入、读数,取两次的平均值计算土体水平位移,这样就完成一个方向的测试,再把测斜仪旋转90°测另一方向的位移。土体分层沉降及水平位移的监测断面应与主测断面相对应,以监测盾构施工对地层的影响。分层沉降监测磁性沉降标的设置间距为1～2 m,埋设沉降标测点时,在隧道两侧的钻孔深度应超过隧道底板2～3 m,位于隧道顶部的钻孔深度应在隧道拱顶以上

1～2 m。

管片衬砌和地层接触应力的监测主要是监测管片在各施工环节及注浆成形后的土压力分布规律及形态，从而掌握整个施工过程中作用在管片上荷载的动态变化，了解作用在衬砌结构上的荷载大小、分布规律及随开挖面的前进，荷载的变化情况。土压力盒可在衬砌管片制作时预埋设，埋设时以细铁丝将其固定在钢筋骨架上，并使受力膜正向对准监测方向且与管片背面齐平。常用的土压力盒有钢弦式和应变片式。钢弦式土压力盒具有长期监测稳定性好的优点，适用于现场长期监测，其接收仪器为频率计，标定方法宜采用油标（标定方法与水压计相同）。管片衬砌和地层接触应力的监测频率应根据盾构施工情况、监测断面距开挖面的距离和沉降速率确定，出现异常情况时应增大监测频率。一般情况下，掘进面距监测断面前后≤20 m时1～2次/天，掘进面距监测断面前后≤50 m时1次/2天，掘进面距监测断面前后＞50 m时1次/周，数据分析确认沉降基本稳定后1次/月。

管片内力检测主要是测试管片的内力状态（包括隧道管片纵向应力和环向应力），配合压力测试结果分析管片的受力状态及特征。仪器设置方法为：在衬砌管片制作时，在测试管片段的环向和纵向钢筋上预埋设钢筋应力计和混凝土应变计，管段制作就位后测取初读数，掘进过程中按时测取即时读数，据此计算环向和纵向钢筋应力值以及隧道所受的弯矩和轴力。监测断面应与主测断面相对应，每一断面不少于5个测点。钢筋应力通过钢筋应力计监测，精度为±0.15% F.S；混凝土应变通过混凝土应变计监测，精度为±0.15% F.S，螺栓应力通过螺栓应力计监测，精度为±0.5 MPa。监测频率应根据盾构施工情况，监测断面到开挖面的距离和沉降速率确定，出现异常时应增大监测频率。一般情况下，掘进面距监测断面前后≤20 m时1～2次/天，掘进面距监测断面前后≤50 m时1次/2天，掘进面距监测断面前后＞50 m时1次/周，数据分析认定沉降基本稳定后1次/月。

第十一章　轨道交通施工安全管理

第一节　施工标准化管理

工程建设过程中，建立与地铁公司标准化管理体系相配套，涵盖项目工程质量、安全工期、投资效益、环保保护和技术创新六大要素的制度管理、人员配备、现场管理、过程控制标准化管理体系，全面实施标准化管理。

一、提高对标准化管理的认识

制定切实可行的标准化管理推行计划，理解推行标准化管理的重要意义，明确标准化管理的总体要求。

标准化是为在一定范围内获得最佳秩序，对现实问题或潜在问题制订共同使用和重复使用的条款的活动。通过标准化管理，将地铁建设经验加以总结、规范并进行推广；实现工程建设各阶段项目管理工作的有机衔接，实现建设项目目标要素的集成管理，整体提高地铁建设管理水平，为又好又快实施大规模地铁建设提供保障。

为实现地铁建设标准化，借鉴国内外重大项目建设的先进经验，以管理科学理论、系统工程理论为指导，结合地铁建设的特点，按照统一部署、分步实施、平稳推进、各负其责的原则，逐步形成标准化管理的体系和方法。

管理标准化主要包括管理制度标准化、人员配备标准化、现场管理标准化过程控制标准化。

二、管理制度标准化

管理制度标准化的目标任务是，构建结构清晰、职责分明、内容稳定，实施有规范、操作有程序、过程有控制、结果有考核的项目机构管理制度。

根据建设单位制定的各项建设管理制度，制定适合项目管理的各项制度，明确管理目标、提出工作要求、细化工作程序、落实人员责任、完善考核制度、明确职责分工。

认真组织参建人员学习管理制度，做到参建人员熟悉制度、自觉执行制度，将制度作为建设管理依据；将管理制度分类汇编成册，发放到管理人员和施工人员；加强对制度执行情况监督，将执行制度纳入工作人员考核范围，严格追究不执行制度人员责任，形成以执行制度为荣的工作环境。将制度标准化建设和执行情况纳入年度考核目标。

三、人员配备标准化

参建人员素质决定管理水平和效率，是实行标准化管理的根本。人员配备标准化是根据工作岗位要求配备具有相应技能、能力、知识以及协调能力的人员，实现岗位设置满足管理要求，人员素质满足岗位要求，使项目管理机构成为实现建设目标的工作团队。组建项目管理机构，配齐管理人员，明确各级管理人员在地铁建设各个阶段的岗位职责工作内容、工作方法、工作程序、工作要点，以及应掌握的专业知识和管理知识。

建立学习培训制度，定期组织管理人员学习管理和业务知识；积极选派人员参加上级单位组织的培训班，并结合项目特点，开展专业培训活动，切实提高建设管理人员对标准化管理的认识和实施标准化的能力，提高建设管理人员的业务素质和拒腐防变的能力。有计划地做好建设人才培训、培养和储备工作，对有一定建设管理经历的人员进行新知识培训，对有专业知识但缺乏实践经验的人员进行现场培训，对少量高端人才可采用引进方式解决。

四、现场管理标准化

建设项目现场是各种建设要素的集合，是实施标准化管理的载体。现场管理是对现场资源进行有效整合以达到建设目标的动态创造性活动。现场管理标准化就是将现场管理工作内容具体化、定量化，把现场布置要求、检查内容和检查方法等转换为工作标准，实现文明施工，规范建设。熟悉工作标准，严格执行工作标准，依据工作标准进行现场管理。建立定人、定期、定岗定责、定点的检查制度，推行检查、验收签认的制度，定期召开现场管理分析会解决存在的问题；按劳务用工有关规定使用劳务，定期对劳务用工情况进行检查，杜绝违法分包；组织对安全质量控制要点防范措施执行情况进行检查；严格按照现场工作标准和施工作业指导书组织施工。

五、过程控制标准化

过程控制标准化是将现场标准化管理贯穿于整个建设过程，通过标准化对建设实施全过程管理。将过程控制工作具体化、定量化，形成过程管理工作标准，按照工作标准实施过程管理。

结合建设项目特点，建立建设项目管理的目标体系、责任体系、分级控制系统和评价评估体系，按照计划、组织、指挥、协调、控制等基本环节，将质量、安全、工期、投资效益、环境保护和技术创新分解细化为最佳匹配的实施目标：完善建设项目质量管理体系和质量管理制度，按照创建精品工程的要求，完善项目质量控制标准；建立项目安全管理体系，按照实施安全工程的目标，制订安全生产管理标准；科学合理安排工期，按照精细管理的方法，建立工期管理标准以主人翁的态度，建立征地拆迁、合同管理、施工图审核、变更设计、验工计价等工作标准，严格控制投资；按照建设环保地铁的要求，建立环保工程管理标准，加强环境保护管理；坚持科技创新，按照铁道部总体技术创新规划，建立项目技术创新工作标准；建立过程控制动态调整机制和应急预案，保证过程控制工作的实施效果。

制定工作的流转程序，使工作人员熟悉掌握工作标准、工作程序，带头执行工作标准和程序，按照目标管理、分级管理、持续改进和闭环管理的方式，依据工作标准和程序实施管理，对建设过程实现有效控制。

第二节　施工质量管理

一、质量保证体系

质量保证体系如图11-1所示

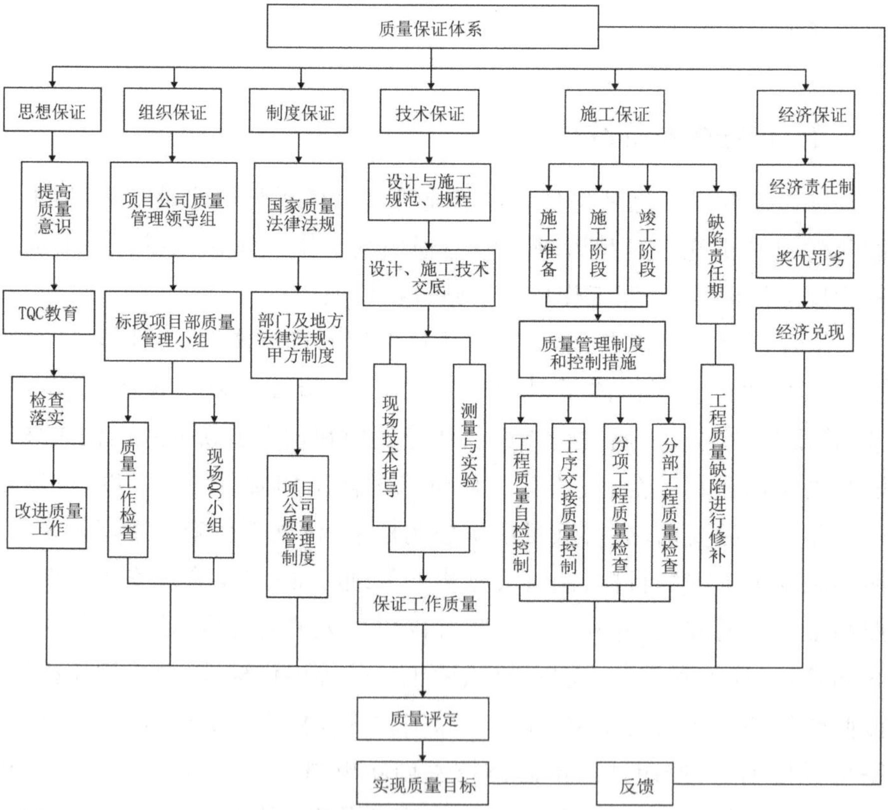

图11-1　质量保证体系图

二、质量管理措施

(一)基坑开挖与支护

1. 基坑开挖

(1)在基坑开挖前四周设置排水沟,防止地表水流入基坑。

(2)禁止在已开挖的基坑边坡的影响范围内进行动力打入或静力压人的活动。

(3)禁止在基坑边坡顶堆加过重荷载。

(4)开挖过程中不得在边坡顶部出土。

(5)基坑开挖过程中注意观察,如发现基坑有失稳先兆(如发现有裂纹)立即停止施工,并采取有效措施,提高施工边坡的稳定性,待符合安全要求时方可继续施工。

2. 钢支撑支护

基坑的稳定与钢支撑体系关系密切。钢支撑必须满足设计要求,提前施加足够的预应力.减少围护结构的变形,保证与地下连续墙垂直。支撑顶紧后,采用支托措施固定牢固,防止钢支撑因墙体变形和施工碰撞而脱落。

(1)钢支撑进场前进行全面检查验收,确保质量达到设计和各种规范要求。加强对钢管法兰盘套管接头焊缝质量检查,钢支撑按规定长度分节拼装。

(2)钢支撑拼装时在地面进行预拼装,拼装长度与结构开挖断面宽度相符,经检查验收合格后对支撑进行编号,并对号运到施工现场。

(3)钢支撑拼装采用高强度螺栓连接,由扭力扳手上紧,确保支撑安全使用。拼装完成的钢支撑,检查轴线偏差和挠曲变形在允许范围之内后,方可用于施工。

(4)钢支撑安装采用起重吊车整体吊放,吊放时做好安全保障措施,钢支撑架设精度要满足设计及规范要求。

(5)每根钢支撑均在活络端设置千斤顶支座,每根钢支撑在安装就位后立即用液压千斤顶对钢支撑施加预应力顶紧围护结构,在活络头内打设钢楔限位。

（6）在钢支撑相应部位设置压力盒及应变片，施工中加强对支撑轴力和变形的量测，保证施工安全。

（7）现场预拼装不少于8根钢支备用，以保证安装进度以及补救处理。

（二）混凝土施工

1.原材料

（1）赋予质量工程师一票否决权：凡是进入工地的原材料，必须经过质量工程师的检验，凡是质量工程师认为不合格的原材料，一概拒收退货，不准用于工程。

（2）在采购订货前就控制好原材料质量：在原材料采购订货前，先看样品和产品说明书，必要时对样品做化验或试验，不合格的原材料不订货，防止伪劣产品进入工地。

（3）原材料进库检验；对准备进库的原材料要查明是否有厂家的产品合格证，无合格证的不进库；同时要分次抽验原材料，不合格的坚决退货，杜绝伪劣产品混进仓库。

（4）原材料进库保管：对已进库的原材料要分门别类按日期编号，按要求存放保管，把易锈、怕淋、怕晒的材料放置在干净、干燥的库房中。

（5）对于地方材料，采购前应经过试验，不合格的材料不能订货。

（6）在已采购的材料、设备生产期间，请专门的机构检验产品质量。必要情况下提交与合同有关的设备服务供应商提供的两份质保书。

2.钢筋施工

（1）严把进货关，做好钢材原材检验，不合格品不进入工地。

（2）保证除锈、焊接、调直、弯制等符合设计和规范要求，并做好抽查检验。

（3）钢筋安装符合设计及规范要求，绑扎牢固。

（4）选派经验丰富、责任心强的技术人员和技术熟练的钢筋工、电焊工进行施工。

（5）钢筋焊接前进行试焊合格检定，然后由经检定合格的人员按试焊的参数进行焊接，并且有专职人员对焊接进行检验，合格后方可放行使用。

(6)对各重要环节逐个检验或抽检。在钢筋安装绑扎完毕,未浇筑混凝土之前,按设计图纸要求及规范标准进行详细检查,并做出检查记录,检查通过后方能浇筑混凝土。

(7)在混凝土浇筑施工中,安排责任心强的值班人员,经常检查钢筋架立位置,如发现变动,及时矫正。严禁为方便浇筑擅自移动或割除钢筋。

3.脚手架及模板

(1)对模板、脚手架及拱架系统进行结构验算,保证其有足够的刚度和稳定性。

(2)安装模板时调校平整,模板连接牢固,板缝应严密,并密贴双面止水胶带,防止模板错动或胀开。

(3)脚手架与模板及支撑件分离,防止作业设备撞击模板及支撑件。

(4)隧道拱部及曲墙使用曲面模板。

(5)掌握好拆模时间,防止混凝土和模板黏结;拆模时间在混凝土终凝后,并满足不同结构和工况下对混凝土强度的要求;拆模时不能用力过猛,严禁使用播杠等工具蛮拆。

(6)加强模板的维修与保养,拆模后及时清理、整修、涂刷脱模剂。

4.混凝土运输

(1)运输时尽量缩短时间,采用混凝土运输搅拌车,运输中慢速搅拌。

(2)不得在运输过程加水搅拌。高温施工混凝土、钢筋混凝土、预应力混凝土应有全面组织计划,准备工作充分,施工设备有足够的备件,保证连续进行;从拌和到浇筑的时间要尽量缩短,并尽快开始养护。

(3)混凝土的浇筑温度应控制在32 ℃以下,宜选在一天温度较低的时间内进行,最好是安排在晚9:00至晨8:00之间,以最大限度地降低混凝土入模温度。

5.混凝土浇筑

(1)混凝土的灌注应采用分层连续推进的方式进行,灌注间隙时间不得超过120 min,不得随意留置施工缝。

(2)混凝土的一次摊铺厚度不宜大于400 mm。筑侧墙及临时支撑混凝前,底部应先浇入10～20 mm厚的水泥砂浆(水灰比略小于混凝土)。

(3)混凝土分层均振捣,严防漏捣;每层混凝土均应振捣至气泡排除为止。

(4)浇筑混凝土时,经常检查模板、钢筋、沉降观测点及预埋钢筋的位置和保护层的尺寸确保其位置正确不发生变形。

(5)经常检查混凝土的坍落度,反馈到搅拌场,以便及时调整配合比,满足施工所需的坍落度。

(6)应严格控制缓凝剂的掺量,并检查混凝土的凝固时间,以防因缓凝剂掺量不准造成危害。

(7)夏季高温天气施工时,浇筑场地应遮阳,以降低模板、钢筋的温度,改善工作条件;可在模板、钢筋和地基上喷水以降温,但在浇筑时不能有附着水;浇筑场地可采用风扇吹风,加快空气流动散热;加快混凝土的修整速度,修整时可用喷雾器喷洒少量水,防止表面裂纹,但不准直接往混凝土表面洒水。

6.混凝土养护

(1)洒水养护宜用自动喷水系统和喷雾器,湿养护应不间断,不得形成干湿循环。

(2)混凝土浇筑完,表面可覆盖清洁的塑料膜,初凝后撤去塑料膜,用浸湿的粗麻布覆盖经常洒水,保持潮湿状态最少7 d。如有可能湿养期间采取遮光和挡风措施,以控制温度和干热风的影响。

(3)混凝土终凝前不直接在表面浇水,防止水冲。

(4)混凝土浇筑与养护时,环境温度每日检查4次,并做好检查记录;当温度超过规定的要求时,混凝土拌和时应采取有效降温、防晒措施,以保证混凝土的浇筑质量,否则应停止施工。

(5)混凝土高温施工时除应留标准条件下养护的试件外,还应制取相同数量的试件与结构在相同的环境条件下养护,检查28 d的试件强度以指导施工。

(6)混凝土浇筑前应通过试验确定在最高气温条件下,混凝土分层浇筑的覆盖时间。施工时应严格控制覆盖时间,不得超过。

第三节 安全管理措施

一、安全管理基础工作

1加强安全教育工作，做好事前控制。“预防为主”是安全管理的主要手段，将安全教育作为一个动态过程，贯彻到工程的始终，使每个施工人员都树立以“预防为主、安全第一”的安全生产意识。根据本工程的施工特点，重点是工人安全教育和特殊工种持证上岗。

2. 建立班组安全管理制度，开展以“讲评、教育、交底及检查”为重点的安全管理工作。

3. 开展预测、预防工作。针对施工过程中可能发生的安全事故，开展预测、预防工作，找出工程施工安全风险点，防患于未然。

4. 严格方案审批手续和落实执行。每一工序开工前，做出针对性强、内容详尽的施工方案及方案落实执行措施（模板、支架、支撑等结构必须经过结构计算和验算）报请监理工程师审批。方案经监理工程师审批后，及时下达施工技术、安全交底，实施过程中严格监督检查、严格执行。

二、安全防护措施

1. 各种施工、操作人员须经过安全培训，不得无证上岗，各种自制设备设施通过安全检验及性能检验合格后方可使用。

2. 在施工现场入口的显著位置设立行政主管部门规定的“一图六板”施工现场所有工作人员均配备劳保服、安全靴、雨衣、手套、安全帽、听力保护装置等安全必备品，特殊工种按规定佩戴好防护用品。

3. 设立为确保工程安全施工所需的标志、宣传画、标语、指示牌、警告牌、火警、匪警和急救电话提示牌等。

4. 设置“四口五临边”的安全防护设施，包括护身栏杆、脚手架、洞口盖板和加筋、竖井防护栏杆、防护棚、防护网、坡道等。

5. 现场照明设施齐全，配置合理，经常检修，保证正常的生产、生活。

6.施工现场至少配备一名专职安全员或安全工程师,负责建立并实施安全生产例会和安全技术交底制度。

7.对涉及明火施工等危险性较高的工作制定诸如用火证等安全管理制度。

8.加强施工的监控测量,及时反馈量测信息,依照量测结果及实际情况,及时采取支护措施及支护结构的封闭时间,确保施工安全及地面建筑物安全。

9.做好交通运输的安全工作,施工场地要设置交通红灯、交通指示牌及疏导人员,以便疏导行人及车辆(含自行车)。

10.配备装备良好的临时急救站和称职的医护人员。现场常备应急车辆,以利伤病人员迅速转移救治,与附近医院保持联系,出现问题及时处理。

三、安全用电措施

1.所有施工人员应掌握安全用电的基本知识和所用设备性能,用电人员各自保护好设备的负荷线、地线和开关,发现问题及时找电工解决,严禁非专业电气操作人员乱动电气设备。

2.高压线引至施工现场的室内变电所,所内通风及排水良好,门向外开,上锁并由专人负责,人员不得随便进入。变压器安设位置、接地电阻符合规范要求。

3.配电系统分级配电。配电箱、开关箱外观完整、牢固、防雨防尘、外涂安全色、统一编号其安装形式必须符合有关规定,箱内电器可靠、完好,造型、定值符合规定,并标明用途。

4.现场内支搭架空线路的线杆底部要实,不得倾斜下沉,与邻近建筑应有一定安全距离且必须采用绝缘导线,不得成束架空救设,达不到要求的必须采取有效保护措施。

5.所有电气设备及其金属外壳或构架均应按规定设置可靠的接零及接地保护。保护接零:在电源中性点直接接地的低压电力系统中,将用电设备的金属外壳与供电系统的零线或专用零线直接做电气连接,可使保护装置迅速而准确地动工,切断事故电源,保证人身安全。

保护接地：所有电气设备的绝缘状况必须良好，各项绝缘指标达到规定值；电气设备及其相连机械设备的金属部分必须采取保护性接地的措施，挂好接地装置示意牌；按规定保护接地的电阻不大于4 Ω。

6. 按照国家标准《安全电压》(GB 3805-83)中规定，对特殊场所的照明应采用安全电压。

7. 施工现场所有用电设备，必须按规定设置漏电保护装置，定期检查，发现问题及时处理解决。

8. 现场内各种用电设备，尤其是电焊、电热设备、电动工具，其装设使用应符合规范并要求设专人负责其维修保管。具体要求如下：

(1)电焊机外壳必须接地良好，电源的装卸由电工进行。

(2)电焊机设单独的开关，开关应放在防雨的箱内，拉合时戴手套侧向操作。

(3)焊钳与把线必须绝缘良好，连接牢固，更换焊条应戴手套，在潮湿地点工作时，站在绝缘胶板上。

(4)严禁在带压力的容器或管道上施焊，焊接带电的设备必须先切断电源。

(5)焊接预热构件时，采用石棉布或挡板等隔热措施。

(6)更换场地移动把线时，必须切断电源；不得手持把线爬高。

(7)多台电焊机在一起集中施焊时，焊接平台或焊件必须接地，并设置隔光板。

(8)把线、地线禁止与钢丝绳接触，不得用钢丝绳或机电设备代替零线

9. 防触电措施

(1)施工用电实行三级漏电配电，施工电缆线按规定架空铺设。

(2)开关箱内的漏电保护器其额定漏电电流应不小于30 mA，定电应不大于15 mA，额定漏电动作时间不能大于0.1 s 。

(3)保护零线按规定做好重复接地。

(4)洞内施工照明采用36 V低压照明线路。

(5)气焊作业双线到位，氧气乙炔之间留不小于5 m的安全距离。

(6)非电工人员不得拆改电器、电源，电工人员必须持证上岗。

(7)电工定期对施工现场用电设备进行检查，及时发现和排除电气

事故隐患，尤其在雨季。

(8)施工用电的线路及设备，按施工组织设计安装设置，并符合供电部门的规定。严禁用电线路搭靠或固定在机械、栏杆、钢筋、管子、扒钉等金属件上；对电气设备、绝缘用具必须定期检查、测试，防雷设施在雷雨季节到来之前检测。变、配电室不使用易燃的建筑材料，门向外开，建筑结构应符合防火、防水、防漏和通风良好的要求。

四、机械安全措施

1.各种机械要有专人负责维修、保养，并经常对机械的关键部位进行检查，预防机械故障及机械伤害的发生。

2.对所有用于提升的挂钩、挂环、钢丝绳等进行定期检测、检查和标定，如有损坏或使用不当之处立即更换。

3.机械安装时基础必须稳固，吊装机械臂下不得站人，操作时，机械架穷线要符合安全规定。

4.所有的垂直和水平运输机械的搭设、顶升、使用和拆除必须严格依照政府的有关法规规章和条例等的要求。

5.各种机械设备视其工作性质、性能的不同搭设防尘、防雨、防砸、防噪声工棚等装置，机械设备附近设标志牌、规则牌和详细的安全操作要点。

6.起重机械吊装：

(1)起重吊装作业前应清除工地所经道路的障碍物，做到工地整洁、道路畅通，并经常养护维修，保证道路质量良好。

(2)进出工地围挡处、道路拐弯处危险路段、临时道路与正式道路交界处设置安全标志牌。

(3)施工现场使用设备必须有安全检验合格证，且设备状态良好；制定状态不良的设备定期检查制度设备并及时检修；进入更新、淘汰期的设备必须更换。

(4)使用新机具或采用新工艺时，必须经过技术鉴定。

(5)设备操作人员必须经过相关培训，特殊工种应有上岗合格证，操作人员应证照齐全；吊机指挥由对起重作业有经验的人员担任；起重工必须熟悉施工方法、起重设备的性能、所起重物的特点和确切重量以及施工安全的要求。

(6)各种起重机械起吊前,要进行试吊。

(7)起吊作业统一指挥,相关人员分工合作、集中精力服从指挥。指挥指令不明确或可能造成事故时,需立即停止操作。

(8)起吊安全注意事项:

起吊重物时,吊具捆扎应牢固,以防吊钩滑脱;物件起吊须拉溜绳,速度要均匀,禁止突然制动和变换方向,平移应高出障碍物0.5 m上下,落时低速轻放防止倾倒;起吊在满负荷或接近满负荷时,严禁降落臂杆或同时进行两个动作;起重机驶近限位端时,应减速停车。

采用两台吊机同时起吊重物时,两台吊机必须均衡起落重物,使各自分担的起重量不超过其容许的负荷能力。

起重机停止作业时,将起吊物件放下,收紧吊钩和钢丝绳,刹住制动器,操纵杆放在空档,并关门上锁。

作业中若遇停电,各控制器应放于零位,切断电源开关,吊物下面禁止人员接近。

严禁斜吊和吊拔埋在地下或凝结在地面、设备上的物件;起吊过程中,起重扒杆下不得有人停留或行走。

五、地面及地下构筑物安全施工措施

1.施工之前对地面及周围环境(含地下管线等)进行详细调查,辅以摄影、摄像手段,确定保护对象及其具体位置,采取相关措施。

2.在地面及相关建(构)筑物布置测点,加强监测及时反馈施工,对建筑物出现异常的采取跟踪注浆补偿土体损失,控制土体变形。

3.根据事前预防、事中控制、事后补救的方针,采取相应的保护措施。

4.地下燃气管线施工安全技术措施:

(1)进场前进行勘察,深入了解情况,在存在地下燃气管线的地方做好明显标识;管线用途、走向、深度等,并进行备案。

(2)施工前与煤气公司协调并进行现场交底,彻底弄清天然气管线的具体敷设位置、埋深、管径、材质等资料。

(3)安排经验丰富的施工人员为骨干,带领施工班组施工。

(4)建立和落实现场动土制度和逐级申报审批制度,杜绝盲目、野蛮挖掘的事件发生。

(5)施工前人工开挖探坑,深度2 m以上,经天然气公司确定后方可机械施工。十字路口处探坑开挖深度必须达到6 m。

(6)施工路段必须与管线保持一定距离,保持与管线的最小净距,确保施工安全。

(7)若有意外情况发生,立即停工保护好现场,立即向有关部门报告。

(8)根据有关部门的建议采取补救措施,尽量将损失减少到最小。

(9)工程实施过程中,请天然气管线公司管线员进行现场旁站监督。

(10)工程实施完毕,由天然气公司管线员现场检查,认可。

六、明挖施工安全措施

1.基坑四周用钢管设置1.2 m高防护栏进行防护。

2.严格按要求放坡。开挖中应注意土壁的变动情况,发现裂纹或部分坍塌现象,及时进行支撑或放坡,并注意支撑的稳固和土壁的变化。

3.吊运土方时,检查起吊工具、绳索是否牢靠,吊斗下不得站人。

4.经常检查临时钢支撑和桩体连接情况,防止支撑松动脱落。

七、混凝土浇筑安全措施

1.浇灌混凝土使用的串筒必须连接牢固。

2.拆除模板应经施工技术人员同意。操作时应按顺序分段进行,严禁猛撬、硬砸或大面积撬落和拉倒。不得留下松动和悬挂的模板,拆下的模板应及时清理干净后送到指定地点集中堆放。

3.钢管有严重锈蚀、弯曲、压扁或裂纹的不得使用,扣件有脆裂、变形、滑丝的禁止使用。

4.木脚手板应用厚度不小于5 cm的杉木或松木板,宽度以20～30 cm为宜,凡是腐朽、扭曲、斜纹、破裂和大横透节的不得使用。板的两端 8 cm 处应用镀锌钢丝箍绕 2 ~ 3 圈或用铁皮钉牢。

5. 搭设、拆除脚手架必须正确使用安全带。拆除脚手架时，必须有专人看管，周围应设围栏或警示标志，非工作人员不得入内。

6. 拆下的脚手板、钢管、扣件、钢丝绳、模板等材料，严禁往下抛掷。

八、基坑开挖与支撑架设安全措施

1. 基坑开挖

（1）在基坑边设可靠护栏。进入基坑施工的人员扶梯上下，不准攀登模板、脚手架或绳索上下。

（2）施工前，根据设计文件复查地下构造物（如地下电缆、给排水管道等）的埋设位置及走向，对周围的建筑物要复核其位置，并采取防护措施。施工中如发现危及地下构造物、地面建筑物或有危险品、文物时，立即停止施工，待处理完毕后方可施工。

（3）编制合理施工方案和技术措施，确定正确的施工顺序、选择合理的施工方法和相应的安全技术措施，并经过公司专家组评审，确保方案的可实施性和施工安全。

（4）采取分段分层开挖，开挖顺序按批准的施工组织设计进行，不得随意开挖；合理确定放坡坡度，对地下水采取降水措施，基坑开挖前将地下水降到第一次开挖面以下。

（5）在基坑的周围设置挡墙及排水沟，防止暴雨时雨水倒灌到基坑内。基坑开挖后，及时设置坑内坡顶与坡脚设置排水沟，在端头位置设置集水井，防止坑底积水。下雨时基坑内集水井聚积的积水，及时进行降排水工作。

2. 钢支撑安装

（1）钢支撑安装前要进行检算，要满足支撑连续墙的强度、刚度要求。参加钢支撑安装的人员要进行安全技术培训。

（2）钢支撑必须在开挖到设计位置后立即安装，架设时间不超过 2 h，并按设计要求及时施加预应力。

（3）钢支撑的吊装应符合《建筑机械使用安全技术规程》（JGJ33 —2001）的规定。

(4)钢支撑安装时,在连续墙上标出支撑点位置并进行清理、平整使支撑端部与连续墙面垂直密贴,使之受力均匀,并在端部采取固定支托措施,防止支撑滑落。

(5)施工前对机械操作人员进行安全教育,在挖土或吊安下一道钢支撑时,严格禁止撞击已安装好的支撑。

(6)夏季施工在已架设的钢支撑上覆盖草袋并实时洒水,防止温度过高使钢支撑轴力超限。

(7)设专人对支护结构和钢支撑的变形、位移进行观测、监控,以便采取措施,确保结构和人员安全。

(8)钢支撑拆除时,应经技术人员同意,由专人组织拆除,要采取支护、防降落等可靠措施,并由安全员进行检查。

九、大型临时支架搭设

1.大型临时支架必须进行设计和检算,制订详细的施工方案,按规定报批。

2.根据批准的施工方案进一步细化制定支架搭设的作业指导书,严格交底制度。支架搭设前,项目总工要组织对支架施工人员进行详细的书面技术交底,工地负责人及技术人员应对交底的落实情况进行检查,由安全员监督操作工人严格按交底要求施工。

3.支架搭设人员必须是经过考核合格的架子工担任;必须戴安全帽、系安全带、穿防滑鞋。

4.构配件的检查和验收:支架使用的材料,钢管、扣件等材质及各项尺寸应符合标准,严禁不合格的材料进入施工现场。

5.支架搭设

(1)支架搭设前清除场地杂物,平整搭设场地,并使排水畅通,支架底座底面标高宜高于自然地坪50 mm。支架基础下有管沟及电线路时,应铺方木或型钢通过。

(2)支架搭设严禁随意更改搭设方式、间距、数量和结构件型号等;立杆要选用同类管径和壁厚的钢管搭设,严禁不同型号的钢管混合使用;支架每搭完一层,要及时校正步距、纵距、横距及立杆的垂直度。

(3)支架要设置纵、横向扫地杆,纵向扫地杆应采用直角扣件固定在距底座上皮不大于200 mm处的立杆上,横向扫地杆固定在紧靠纵向扫地杆下方的立杆上。

(4)支架立杆应竖直设置,2 m高度的垂直允许偏差为15 mm,每根立杆底部应设置底座或垫板。立杆接长除顶层顶步外,其余各层各步接头必须采用对接扣件连接。

(5)支架立杆底部和顶部的可调托座,丝扣不可旋出太高,当其伸出长度超过300 mm时,应采取可靠措施固定。

(5)为增加支架的稳定性,支架每隔6跨要设置一道纵向和横向斜杆,斜杆与地面夹角范围为45°~60°,斜杆底部应撑地。支架外侧沿全高设十字剪刀撑,每道剪刀撑应与5~7根立杆连接。

(6)钢管扣件的螺栓拧紧扭力矩不应小于40 N·m,且不应大于65 N·m,对接扣件开口应朝上或朝内;各杆件端头伸出扣件盖板边缘的长度不应小于100 mm。安装后的扣件螺栓应进行检查,不合格的必须重新拧紧,直至合格为止。

6.支架的检查和验收

以下情况要对支架进行检查和验收,主要包括:基础完工后及支架搭设前;作业层上施加荷载前;每搭设完10~13 m高度后;达到设计高度后;遇有六级大风与大雨后;寒冷地区开冻后,停用超过一个月等。

由项目部主管生产的副经理、技术负责人、专职安全员、质检工程师和领工员联合检查验收,验收发现问题时,要责成工地负责人限期整改,整改完成后验收小组组织复验,直至符合要求为止。

支架的日常检查由领工员、班组长和安全人员负责。

7.支架在使用期间,严禁拆除主节点处的纵、横向水平杆,纵、横向扫地杆。

8.支架拆除

支架拆除应进行安全技术交底,拆除时须划出安全区,设警示标志,并设专人看管。拆除前应清除支架上的杂物及地面障碍物。

支架拆除必须自上而下逐层进行,严禁上下同时作业,按先横杆,后立杆的顺序逐层往下拆除,禁止抛掷,拆除后的构配件应及时检查、整修与保养,并按品种、规格随时码堆存放。

十、土方吊运安全措施

1.各种设备要放置于基坑外安全距离稳定的地基上。

2.吊装口设防护平台,使用前要对钢丝绳、卡具等进行检查验收,符合要求时才能使用;提、放吊斗时,上下要有统一信号,有专人指挥,吊斗或抓斗上粘有泥块需铲除时,要将抓斗或吊斗放在地上清除,严禁将抓斗吊空铲泥。

3.在吊、抓土施工时,司机要认真操作,严禁抓斗吊斗撞击钢支撑或防护平台。

第四节 施工环保管理

1.采取多种形式进行环保宣传教育活动,不断增强职工环保意识,经常组织学习,按照国家及环保法规制定强制性措施,切实抓好环保工作;考核、检查各级领导环保工作业绩。对重视者表扬奖励,对不重视者批评教育,直至经济处罚。

2.施工中应采取有力措施,保护好场内的绿化带、树木,严禁损坏和砍伐。

3.施工期间,对既有水利设施加强保护。施工用水不得给邻近居民、单位和周围环境造成污染。

4.污染环境的废物,如建筑、生活垃圾、废弃材料等,经分拣后运至建设单位和当地环保部门指定地点排放、堆码、掩埋或销毁。易于引起尘害的细料堆应予遮盖和适当洒水。

5.采取有效措施控制现场的粉尘土、废气、污水、噪声振动对环境的污染和危害,不燃烧各种有毒的物质。

6.大型工程要布局合理,少占用地,减少市内用地的压力。

7.取土、弃土、排污等按设计文件及与当地环保等有关部门签订的协议执行。弃土场要远离河道、沟渠。

8.施工排出的污水不能直接排入河道或地面随流以市内排污管,避免对周围水源地产生影响。废弃泥浆用特制罐车运至指定位置,外运过程中不得外漏。

9. 工程开工前到当地环境保护行政主管部门办理有关申报登记手续，并提出防治噪声污染的技术措施。对产生噪声的设备如混凝土搅拌机、振动棒、钻机等，其噪声应符合国家规定的建筑施工场界内环境噪声限值标准。

10. 本工程位于市区内，夜间和午间连续进行施工作业且有噪声污染时，须提前到环保行政主管部门审批，并公告附近居民。

11. 重大节日和学生高考期间应停止夜间施工。

12. 合理安排每天7∶00～12∶00、14∶00～22∶00时间内施工项目，减少夜间扰民作业。夜间施工项目，控制施工噪声，减少人为的噪声扰民。

13. 运输材料设法在夜间组织，减少市内交通运输的压力。

14. 根据各分部分项工程施工的特殊情况，采取一定的封挡措施，减少扰民。

15. 如遇特殊情况，提前安民告示，以取得相邻单位及附近居民的谅解和支持。

第五节　文明施工管理

按照公司文明工地建设有关要求，建立良好的工作、生活环境，树立地铁施工企业的良好形象。尊重当地人民的风俗习惯，遵守地方政府的有关规定。加强对职工的管理教育，与当地政府携手共建文明工地。

一、施工场地管理

各项临时设施、驻地，按照批准的平面图布设，因地制宜，布局合理，整齐有序，安全卫生，禁止擅自随意搭设。施工便道、场区道路合理规划布置，定期专人整修，保持畅通。

施工现场围挡上口平齐，外立面顺直、高度不低于1.8 m，达到封闭严密、完整、牢固。围面美化，围面艺术化，达到美观。在大门口处设置统一式样的施工标牌，大门内设置“七牌一图”，内容详细，字迹工整规范、清晰。场内做好排水措施，污水要二次沉淀，现场道路平整、坚实、畅通，出入口硬化覆盖，并设车辆冲洗台。

单位门前实行“三包”环境保洁责任制，作业区、生活区建筑垃圾及时清运，划分责任区，设标志牌分片包干到人。施工现场的各种标语牌，统一加工制作，字体书写正确规范，工整美观并经常保持整洁完好。

工地汽车出入口应设置冲洗区，用高压水枪对车辆进行冲洗，在确认不会对环境造成污染后，才能驶入市内道路。司机文明行车，礼貌行车。

施工现场节约用水用电，消灭长流水长明灯现象。

二、料具管理

施工现场各种料具按指定位置存放，并分规格码放整齐、稳固，做到一头齐，一条线，高度不超过1.5 m。现场砂、石堆放整齐、平整、成线，分界线清楚，不得混杂，标识明确。

施工现场材料保管，应依据材料性能采取必要的防雨、防潮、防晒、防冻、防火、防爆、防损坏等措施，贵重物品、易燃、易爆和有毒物品要及时入库，专库专管，加设明显标识，并建立严格的领退料手续。

各项施工要及时做到工完料净场地清。

第六节　施工现场管理

治安消防工作必须坚持“预防为主、确保重点”和“预防为主、以消为辅”的指导思想，保证建设过程的安全。

严格贯彻“谁施工、谁负责”的原则，在施工现场成立“综合治理办公室”，派遣公安干警，对施工管段的消防和治安工作，进行专门管理。

广泛开展法制宣传和“四防”教育，提高广大职工群众保卫工程建设和遵纪守法的自觉性。根据消防规定，在有消防要求的施工场段，如油库、木材堆放场、木工棚、氧气和乙炔气库、办公区和宿舍等地，配备消防器材，挂设安全警示牌和禁止牌，并设专人巡守。

经常开展以防火、防爆、防盗为中心的安全大检查，堵塞漏洞，发现隐患，限期整改。一时整改不了的，要采取措施，防止发生问题。

对施工现场的贵重物资、重要器材和大型设备，要加强管理，设专人巡守和设置防护设施或报警设备，防止物资被哄抢、盗窃或破坏。

在劳力高峰期，若需用部分民工，设专人负责对劳务民工进行法制、规章制度、消防知识教育，对参加施工的民工要进行审查、登记造册、申报临时户口、发工作证，方可上岗工作。对民工中可疑人员要进行调查了解，做到心中有数，防止流窜犯、在逃犯等坏人混入民工队伍。对管理不善、执法不严、防范措施不力而发生火灾、盗窃、破坏建设和设施等重大案件，影响工程建设以及隐瞒恶性事故不报的，应追究单位主管负责人的责任。

第七节　安全生产应急管理

一、应急组织机构

项目部成立突发事故现场指挥领导小组，负责指挥和协调突发事故的应急救援工作。领导小组设组长和副组长，组长由项目经理担任。小组成员分工明确、相互协调、责任到人，定期召开应急救援工作会议，研究布置工作任务，学习、演练，做到应急救援能力资源的合理配置和有效使用。

1. 项目技术负责人负责项目应急预案的编制或深化工作。

2. 项目生产副经理和技术科长负责组织将应急预案反复向全体员工进行交底，并做好书面记录。

3. 项目安全总监和安全员及施工队长负责潜在事故或紧急情况发生时组织应急小组按应急预案实施抢救工作。

4. 项目书记负责按应急预案落实应急人员，并明确岗位职责；督促并检查应急人员的应急准备工作实施情况；项目书记负责事故后按照公司主管部门、技术部门制定的对事故现场设施设备恢复使用及安全防范措施方案落实处理。

5. 项目书记和项目安全员负责事故的善后处理及做好有关安抚工作。

6. 项目经理参与事故的调查处理及预案总结评价工作。

二、应急预案管理工作流程

应急预案管理工作流程如图11-2所示。

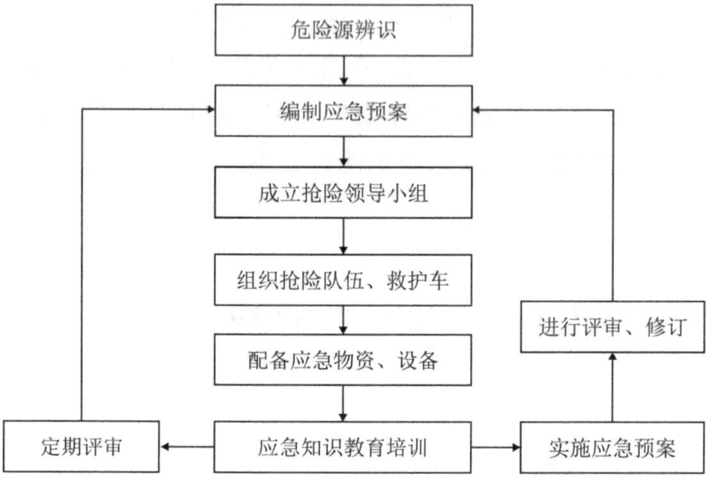

图11-2　应急预案管理工作流程

三、应急物资准备

（一）应急救援物资储备及材料供应

储备足够数量的应急救援物资：

灭火器材与物资：包括干粉、泡沫灭火器、铁锹、水桶、盆、湿布、沙袋等。

救护器材与物资：包括救生网、救生梯、救生袋、担架、安全带、消毒用品、急救物品（绷带、无菌敷料）及各种常用小夹板、止血袋、氧气袋等。

救护人员装备：包括安全帽、防护服、防护靴、防护手套、呼吸保护器具等。

救援中有可能需要的工程材料：事先预设采购点、随时组织供应。

通信器材：包括固定电话、移动电话、对讲机等。此外，尚需准备适量的交通警示标志等现成安全防护标志。

（二）资金准备

建立突发事故应急救援专项资金。事故发生后，财务人员携带足够现金赶赴现场，以便及时购置抢险材料、救治伤员以及其他必要的现场紧急支出。

四、报警救援及紧急联络电话

项目经理部建立应急信息资源，明确紧急情况下各相关部门联系电话，主要包括：医疗救护电话、消防报警电话、公安报警电话、医疗救护点电话、医院电话等，并向所有应急小组成员交底医疗救护点的具体位置及行驶路线；保证项目经理电话、项目书记电话、项目安全总监电话等随时畅通，保证在事故发生时能及时向有关部门、单位拨打电话报警求救，及时组织救治伤员。

五、应急响应

1.事故发生后，现场指挥小组的所有成员，必须在第一时间赶赴现场，施工现场的所有施工人员都必须接受统一指挥，投入抢险工作。组长接到报警后应立即赶赴事故现场，不能及时赶赴现场的，指派一名项目应急救援小组成员，立即启动应急救援程序，控制事态发展。

2.各应急救援小组成员在组长的统一指挥下，立即按照各自岗位职责采取措施，开展工作。

3.若事故中有人员受伤，立即组织对人员进行救治；同时，组织隔离、疏导交通和保护现场；有可能危及周围居民的安全时，立即通知政府组织及居委会，组织居民撤离。

4.各分包单位项目负责人，负责组织人力、物力，准备落实抢险方案及技术措施。

5.办公室负责接待前来指挥抢险的各级领导及专家，安排好办公、生活、住宿、车辆等后勤保障工作；技术质量部负责提供所需的技术资料，并负责联络，使信息能够及时传递、沟通。

6.项目总工程师立即组织工程部和安质部技术人员迅速查明现场的

实际情况，如时间、地点、原因、过程及可能导致的后果，深入现场从多角度运用拍照、录像等手段取得第一手资料，供抢险指挥决策。

7. 现场指挥小组根据现场提供的各种资料，通过简短的会议决定应采取的应急措施。应急措施的落实由应急现场指挥小组副组长统一指挥，工程部和安质部技术人员负责现场技术指导。同时由安全质量部负责拟定事故报告，书面上报公司和业主。

8. 应急结束

当遇险人员全部得救，事故现场得以控制，环境符合有关标准，导致次生、衍生事故隐患消除后，经现场应急救援指挥部确认和批准，现场应急处置工作结束，应急救援队伍撤离现场。由项目部会同业主、监理单位宣布应急结束。

六、应急救援工作程序

（一）事故报告

1. 发生生产安全事故部门应立即报告本部门负责人，报告事故发生的时间、地点和简要伤亡情况，并立即向组长（副组长）报告。

2. 组长接到报告后，通知副组长、组员，立即启动应急救援响应；并根据事故类别向总包、监理及业主报告。

3. 根据事故类别向事故发生地政府主管部门报告。如果是火灾事故，必须同时打119向公安消防部门报警，急救拨打120、999。

4. 不得隐瞒不报，谎报或者拖延不报。

（二）现场保护

事故发生后，应严格保护事故现场。因抢救伤员、疏导交通、排除险情等原因，需要移动现场物件时，应当做出标志，绘制现场简图，并做出书面记录，妥善保存现场重要痕迹、物件，并进行拍照或录像。必须采取一切可能的措施，防止人为或自然因素对事故现场的破坏。

清理现场必须在事故调查组取证完毕，并完整记录在案后方可进行。在此之前，不得以任何借口擅自清理现场。

（三）事故调查

事故调查工作必须坚持实事求是，尊重科学的原则。事故调查组成员一般由公司领导、安全部门、工会、劳资、监察及与事故相关部门负责人组成。

事故调查组有权向事故发生单位、有关人员了解情况和索要有关资料，各有关单位和个人有义务协助调查组查清事故真相，不得以任何借口拒绝。

事故调查完毕后，事故调查组要写出详细的事故调查报告报公司的主要领导和上级主管部门。

（四）事故处理

事故调查组提出事故处理意见。由公司主管部门、技术部门对事故现场设施设备的恢复使用及防范措施制定方案，由公司安全部门监督项目组织实施，项目经理部负责落实处理。对事故责任者的处理，在调查组建议意见的基础上由公司领导集体研究决定。

因忽视安全生产、违章指挥、违章作业、玩忽职守或者发现事故隐患而不采取有效措施以致造成伤亡事故，由企业主管部门给予企业负责人和直接责任人员行政处分；构成犯罪的由司法机关依法追究刑事责任。

（五）伤员急救

1.急救步骤

急救是对伤病员提供紧急的监护和救治，给伤病员以最大的生存机会，急救一定要遵循下述四个步骤：

（1）在确保无任何危险情况下调查事故现场，使伤病员迅速脱离危险场所。

（2）初步检查伤病员，判断神志、气道、呼吸循环是否有问题，必要时立即进行现场急救和监护，使伤病员保持呼吸道畅通，视情况采取有效的止血、止痛、防止休克、包扎伤口等措施，固定、保存好割断的器官或组织，预防感染。

（3）呼救。由专人去呼叫救护车，现场施救一直坚持到救护人员或其他施救者到达现场接替为止。此时还应反映伤病员的病情和简单救治过程。

(4)如果没有发现危及伤病员的体征,可做第二次检查,以免遗漏其他损伤、骨折和病变。以利于现场施行必要的急救和稳定病情,降低并发症状和伤残率。

2.一般伤员的现场救治措施

在出事现场,立即采取急救措施,使伤员尽快与致伤因素脱离接触,以避免继续伤害深层组织。

(1)用清洁包布裹盖创伤面做简单包扎,避免创面污染。自己不要随便把水疱弄破,更不要在创面上涂任何有刺激性的液体或不清洁的粉和油剂。因为这样既不能减轻疼痛,相反增加感染机会,并为进一步创面处理增加了困难。

(2)伤员口渴时可给适量饮水或含盐饮料。

(3)经现场处理后的伤员要迅速转送到医院救治,转送过程中要注意观察呼吸、脉搏、血压等的变化。

3.严重创伤出血伤员的现场救治

创伤性出血现场救治要根据现场现实条件及时地、正确地采取暂时性的止血,清洁包扎,固定和运送等方面措施。

(1)止血

止血可采用压迫止血法、指压动脉出血近心端止血法、弹性止血带止血法。

(2)包扎、固定

创伤处用消毒的敷料或清洁的棉纺织品覆盖,再用绷带或布条包扎,既可以保护创口预防感染,又可减少出血帮助止血。在肢体骨折时,又可借助绷带包扎夹板来固定受伤部位上下两个关节,减少损伤,减少疼痛,预防休克。

(3)搬运

经现场止血、包扎、固定后的伤员,应尽快正确地搬运转送医院抢救。不正确的搬运,可导致继发性的创伤,加重病痛,甚至威胁生命。搬运伤员时应注意:

①在肢体受伤后局部出现疼痛、肿胀、功能障碍或畸形变化,就表示

有骨折存在。宜在止血固定后再搬运，防止骨折断端因搬运振动而移位，加重疼痛，导致损伤附近的血管神经，使创伤加重。

②在搬运严重创伤伴有大出血或已有休克的伤员时，要平卧运输伤员，头部可放置冰袋或戴冰帽，路途中要尽量避免震荡。

③在搬运高处坠落伤员时，因疑有脊椎受伤可能，一定要使伤员平卧在硬板上搬运，切忌只抬伤员的两肩与两腿或单肩背运伤员。因为这样会使伤员的躯干过分屈曲或过分伸展，而使已受伤的脊椎移动，甚至断裂造成截瘫，导致死亡。

4. 创伤救护的注意事项

(1)护送伤员的人员，应向医生详细介绍受伤的经过，如受伤时间、地点，受伤时所受暴力大小，现场场地情况。凡属高处坠落致伤时需介绍坠落高度，伤员最先落地部位或间接击伤部位，坠落过程中是否有其他阻挡或转折。

(2)高处坠落的伤员，在已诊有颅骨骨折时，即使伤者当时神志清楚，但若伴有头痛、头晕、恶心、呕吐等症状，仍应劝留医院严密观察。

(3)若伤员肢体受到严重挤压，局部软组织因缺血而呈苍白色、皮肤温度降低、感觉麻木、肌肉无力，一般在解除肢体压迫后，马上用弹性绷带绕受伤肢体，以免发生组织肿胀；同时固定受伤肢体、尽量避免活动，以减少延毒性分解产物的释放和吸收。伤肢避免抬高和局部按摩，避免热敷。

(4)胸部受伤的伤员，实际损伤程度常较胸壁表面所显示的损伤面更为严重，有时甚至完全表里分离。如伤员胸壁皮肤完好无伤痕，但已有肋骨骨折存在，甚至还伴有外伤性气胸和血胸，要高度提高警惕，以免误诊，影响救治。下胸部受伤时，应考虑腹腔内脏受击伤引起内出血的可能。

(5)引起创伤性休克的主要原因是创伤后的剧烈疼痛、失血引起的休克以及软组织坏死后的分解产物被吸收而中毒。处于休克状态的伤员环境应保持安静，使伤员平卧、少动、保暖，并将下肢抬高约 200 mm 左右，及时止血、包扎、固定伤肢减少创伤疼痛，尽快送到医院进行抢救治疗。

七、事故应急处置措施

（一）高处坠落事故

1. 迅速将伤员脱离危险场地，移至安全地带。

2. 保持呼吸道通畅，若发现窒息者，应及时解除其呼吸道阻塞和呼吸机能障碍，应立即解开伤员衣领，消除伤员口鼻、咽、喉部的异物、血块、分泌物、呕吐物等。

3. 有效止血，包扎伤口。

4. 视其伤情采取报警直接送往医院，或待简单处理后去医院检查。

5. 伤员有骨折，关节伤、肢体挤压伤，大块软组织伤都要固定。

6. 若伤员有断肢情况发生应尽量用干净的干布（灭菌敷料）包裹装入塑料袋内，随伤员一起转送。

7. 预防感染、止痛，可以给伤员用抗生素和止痛剂。

8. 记录伤情，现场救护人员应边抢救边记录伤员的受伤机制、受伤部位、受伤程度等第一手资料。

9. 立即拨打120向当地急救中心取得联系（医院在附近的直接送往医院），应详细说明事故地点、严重程度、本部门的联系电话，并派人到路口接应。

10. 项目指挥部接到报告后，应立即在第一时间赶赴现场，了解和掌握事故情况，开展抢救和维护现场秩序，保护事故现场。

（二）坍塌倒塌事故

1. 事故发生后应立即报告应急抢险指挥部。

2. 挖掘被掩埋伤员及时脱离危险区。

3. 清除伤员口、鼻内泥块、凝血块、呕吐物等，将昏迷伤员舌头拉出，以防窒息。

4. 进行简易包扎、止血或简易骨折固定。

5. 对呼吸、心跳停止的伤员予以心脏复苏。

6. 尽快与120急救中心取得联系，详细说明事故地点、严重程度，并派人到路口接应。

7.组织人员尽快解除重物压迫,减少伤员挤压综合征的发生,并将其转移至安全地方。

8.若有骨折时应及时用夹板等简易固定后立即送医院。

9.基坑:采取措施加强排水与降水;强支护和支持加桩板等,对边坡薄弱环节进行加固处理;迅速运走坡边弃土、材料、机械设备等重物;削去部分坡体,减缓边坡坡度。

10.在没有人员受伤的情况下,现场负责人应根据实际情况研究补救措施,在确保人员生命安全的前提下,组织恢复正常施工秩序。

(三)触电事故应急处置

1.截断电源,关上插座上的开关或拔除插头。如果够不着插座开关,就关上总开关。切勿试图关上电器用具的开关,因为可能正是该开关漏电。

2.若无法关上开关,可站在绝缘物上,如一叠厚报纸、塑料布、木板之类,用扫帚或木椅等将伤者拔离电源,或用绳子、裤子或任何干布条绕过伤者腋下或腿部,把伤者拖离电源。切勿用手触及伤者,也不要用潮湿的工具或金属物质把伤者拨开,也不要使用潮湿的物件拖动伤者。

3.如果患者呼吸心跳停止,开始人工呼吸和胸外心脏按压。若出现触电事故,切记不能给触电的人注射强心针。若伤者昏迷,则将其身体放置成卧式。

4.若伤者曾经昏迷、身体遭烧伤,或感到不适,必须打电话叫救护车,或立即送伤者到医院急救。

5.高空出现触电事故时,应立即切断电源,把伤人抬到附近平坦的地方,立即对伤人进行急救。

6.现场抢救触电者的原则:迅速,就地,准确,坚持。

迅速:争分夺秒使触电者脱离电源。

就地:必须在现场附近就地抢救,病人有意识后就近送医院抢救。从触电时算起,5 min以内及时抢救,救生率90%左右。10 min以内抢救,救生率6.15%,希望甚微。

准确:人工呼吸法的动作必须准确。

坚持:只要有百万分之一希望就要尽100%努力抢救。

(四)重大交通事故应急处置

1. 事故发生后,迅速拨打急救电话,并通知交警。

2. 项目在接到报警后,应立即组织自救队伍,迅速将伤者送往附近医院,并派人保护现场。

3. 协助交警疏通事发现场道路,保证救援工作顺利进行,疏散人群至安全地带。

4. 做好事后人员的安抚、善后工作。

参考文献

[1]陈立.地铁施工监测信息化研究及应用[D].武汉:华中科技大学,2009.

[2]陈明宪.斜拉桥建造技术[M].北京:人民交通出版社,2003.

[3]窦连涛.城市桥梁施工员一本通[M].北京:中国建材工业出版社,2010.

[4]姜晨光.地铁建设简明技术手册[M].北京:化学工业出版社,2011.

[5]李兵.盾构及暗挖法施工相关影响现场监测及有限元分析[M].北京:中国建筑工业出版社,2019.

[6]李洁.城市轨道交通工程风险评价[J].建筑经济,2009(5):71-74.

[7]刘斌,李云红,郭宝春.铁路无缝线路知识问答[M].北京:中国铁道出版社,2021.

[8]罗平,祝建勋,孙长军.北京城市轨道交通工程建设明挖法安全风险控制技术及典型案例[M].北京:中国铁道出版社,2019.

[9]马志尧.城市轨道交通车站建设项目运营风险管理[D].西安:西安建筑科技大学,2016.

[10]全国一级建造师执业资格考试用书编写委员会.市政公用工程管理与实务[M].北京:中国建筑工业出版社,2011.

[11]上海市建设工程安全质量监督总站.软土地区城市轨道交通工程施工监测技术应用指南[M].上海:同济大学出版社,2010.

[12]沈春林.轨道交通防水材料与施工手册[M].北京:中国建筑工业

出版社,2011.

[13]施仲衡.地下铁道设计与施工[M].西安:陕西科学技术出版社,2006.

[14]王路杰.浅埋暗挖城市轨道交通车站运营风险评价研究[D].济南:山东科技大学,2017.

[15]王梦恕.中国隧道及地下工程修建技术[M].北京:人民交通出版社,2010.

[16]王平.铁路轨道施工[M].北京:中国铁道出版社,2010.

[17]王婷茹.高速铁路无砟轨道精调技术.[M]北京:中国铁道出版社,2022.

[18]夏丹丹.明挖法城市轨道交通车站运营安全风险管理研究[D].徐州:中国矿业大学,2016.

[19]向中富,邹毅松,杨寿忠.桥梁施工工程师手册[M].北京:人民交通出版社,2011.

[20]谢富东.浅埋暗挖大跨度城市轨道交通车站运营稳定性分析与风险评价[D]济南:山东大学,2015.

[21]杨成斌.地铁施工监测安全预警系统研究[D].西安:西安科技大学,2013.

[22]杨慧林.工程风险管理在北京城市轨道交通号线国贸站土建工程中的应用[J].铁道标准设计,2008(12):36-39

[23]岳建平.城市地面沉降监控理论与技术[M].北京:科学出版社,2012.

[24]张兴强.城市轨道交通土建工程[M].北京:北京交通大学出版社,2011.

[25]中华人民共和国住房和城乡建设部.沉管法隧道设计标准.[M]北京:中国建筑工业出版社,2019.

[26]周顺华.城市轨道交通结构设计与施工[M].北京:人民交通出版社,2011.

[27]周晓军,周佳媚.城市地下铁道与轻轨交通[M].成都:西南交通大学出版社,2008.

图书在版编目（CIP）数据

城市轨道交通施工质量与安全管理研究 / 周武，丁泽，杜风华著．-- 湘潭：湘潭大学出版社，2023.11
ISBN 978-7-5687-1228-6

Ⅰ．①城… Ⅱ．①周… ②丁… ③杜… Ⅲ．①城市铁路—轨道交通—工程施工—安全管理 Ⅳ．①U239.5

中国国家版本馆CIP数据核字（2023）第247513号

城市轨道交通施工质量与安全管理研究

CHENGSHI GUIDAO JIAOTONG SHIGONG ZHILIANG YU ANQUAN GUANLI YANJIU

周武 丁泽 杜风华 著

责任编辑：王亚兰 夏 露
封面设计：夏茜旸
出版发行：湘潭大学出版社
社　　址：湖南省湘潭大学工程训练大楼
电　　话：0731-58298960 0731-58298966（传真）
邮　　编：411105
网　　址：http://press.xtu.edu.cn/
印　　刷：长沙创峰印务有限公司
经　　销：湖南省新华书店
开　　本：710 mm×1000 mm 1/16
印　　张：16.25
字　　数：275千字
版　　次：2023年11月第1版
印　　次：2023年11月第1次印刷
书　　号：ISBN 978-7-5687-1228-6
定　　价：88.00元